Für meine zwei- und vierbeinige Familie.
Danke, dass es euch gibt.

Inhalt

Sarah Mertes | Udo Gansloßer

HUNDHERUM
gesund und glücklich

Müller Rüschlikon

Impressum

Einbandgestaltung: R2 I Ravenstein, Verden
Titelfoto: Sarah Mertes
Silhouetten: © dervish15/stock.adobe.com

Alle Angaben in diesem Buch wurden nach bestem Wissen und Gewissen gemacht. Für einen eventuellen Missbrauch der Informationen in diesem Buch können weder die Autoren noch der Verlag oder die Vertreiber des Buches zur Verantwortung gezogen werden. Eine Haftung für Personen-, Sach- und Vermögensschäden ist ausgeschlossen.

ISBN 978-3-275-02276-2

Postfach 103743, 70032 Stuttgart
Ein Unternehmen der Paul Pietsch Verlage GmbH & Co. KG

1. Auflage 2023

Sie finden uns im Internet unter www.mueller-rueschlikon-verlag.de

Lektorat: Claudia König
Innengestaltung: Anna Kurz, tebitron gmbh, Gerlingen
Druck und Bindung: Graspo CZ, 76302 Zlin
Printed in Czech Republic

Foto: Marvin Mündelein

Was braucht ein Hund, um gesund und glücklich zu sein?

Was braucht ein Hund, um gesund und glücklich zu sein? Mit dieser Frage sind wir in dieses Buchprojekt gestartet mit dem Ziel ein Buch zu schreiben, welches Hundehalter:innen (im weiteren Verlauf als Hundehalter oder Bezugsperson beschrieben) die Bedürfnisse unserer Haushunde näherbringt und alte Mythen rund um Hundeerziehung, Training, Ernährung und Sozialverhalten aufdeckt.

Wir beginnen in diesem Buch mit der Entstehungsgeschichte, um das Bewusstsein zu erhöhen, dass sich im Zuge der hundlichen Domestikation nicht nur das Erscheinungsbild und das Verhalten, sondern die Bedürfnisse der Hunde immer mehr von denen seines Vorfahren, dem Wolf, entfernt haben. Somit bekommen Sie ein besseres Verständnis für die darauffolgenden Kapitel, die sich dann mit den Bedürfnissen befassen, die für Ihren Hund von Bedeutung sind. Mit diesem Buch werden wir Ihnen die Grundbedürfnisse des Hundes anhand des aktuellen Forschungsstandes erläutern und Ihnen mit Fallbeispielen und praktischen Übungen zeigen, wie Sie das Wohlergehen Ihres Hundes an Ihrer Seite weiterhin verbessern. Da uns im Alltag immer wieder Halbwissen und Mythen rund um den Hund begegnen, gibt es zu jedem Kapitel ein Teilkapitel „Zusammenfassung – Machen Sie es besser!“, wo aktuelle Mythen aufgedeckt werden und Tipps zum Umgang in einer ähnlichen Situation beschrieben sind. Sie werden in diesem Buch ebenfalls einen kleinen Exkurs unserer Kollegin Carina Kolkmeyer zum Thema Kastration finden, da es leider bei vielen Tierärzten zur Normalität gehört, einen gesunden Hund als vorsorgliche Maßnahme zu kastrieren. Unsere Kollegin J. Gesine Silbermann wird Ihnen zudem einen Einblick in den Unterschied zwischen Trennungsreaktion und Trennungsstörungen bei Hunden geben.

Wir werden Sie dabei unterstützen, die Bedürfnisse Ihres Hundes zu erkennen und nach bestem Wissen zu erfüllen, damit Sie Ihrem Vierbeiner ein glückliches und gesundes Leben an Ihrer Seite ermöglichen. Danke für Ihr Vertrauen in unsere Arbeit und Ihr Vertrauen in sich selbst, dass Sie die Verantwortung für das Wohlergehen Ihres Hundes in die Hand nehmen.

Sarah Mertes + Udo Gansloßer

1. Wie wenig Wolf steckt noch im Hund?

Foto: Sarah Mertes

Wann wurde der Wolf zum Hund?

Die Fragen nach dem Wann und nach dem Warum der Hund sich dem Menschen angeschlossen hat, gehören zu den spannendsten der Domestikation. Das Problem bei der Beantwortung ist nur: Keiner von uns hat zu diesem Zeitpunkt gelebt. Aus diesem Grund sehen wir jetzt viele teils verwirrende Hypothesen und Überlegungen zu diesem Thema. Damit Sie sich nicht selbst im Dschungel der teils widersprüchlichen Aussagen verirren, laden wir Sie herzlich ein, uns bei der Suche nach dem Ursprung der Hundwerdung zu begleiten.

Wir reisen mit unserer Zeitmaschiene ca. 33.000 Jahre in die Vergangenheit und landen im Zeitalter des Pleistozän. Eine Zeit, die geprägt ist von Mammuts, Riesenhirschen, Wölfen und vielen weiteren großen Säugetieren. Ein Schädelfund im Altai Gebirge aus dem Jahr 1975 deutet darauf hin, dass in diesem längst zurückliegenden Zeitalter Hunde gelebt haben könnten, und zwar an der Seite des Cro-Magnon-Menschen (Gansloßer and Kitchenham, 2019). Die DNA-Analysen eines finnischen Forscherteams zeigten später, dass der Schädelfund eindeutig als Artgenosse unserer heutigen Haushunde einzuordnen ist. Auf Grundlage dieses Fundes gehen wir derzeit davon aus, dass die Domestikation des Hundes vor über 30.000 Jahren stattgefunden hat! Ein weiterer Schädelfund aus Belgien, nah der Ardennen, verstärkt die Annahme dieses Zeitraums. Hier datierten die Forscher den Schädel auf über 30.000 Jahre und gaben so einen weiteren Hinweis für die Existenz der „Protodogs" an der Seite des Cro-Magnon-Menschen.

Mensch und Hund leben anscheinend länger zusammen wie ursprünglich vermutet. Das Team rund um Olaf Thalmann beschäftigte sich nach den beiden Schädelfunden intensiv mit dem Vergleich von Haplotypen, um den Zeitpunkt der Domestikation genauer bestimmten zu können (Thalmann et al., 2013). Aber was sind Haplotypen überhaupt? Haplotypen können Sie sich wie ein Familienmerkmal oder Brandzeichen vorstellen, welches auf ein und derselben Stelle im Erbgut von allen Individuen zu finden ist, die eine gemeinsame Abstammungsgeschichte haben.
Die Forscher untersuchten Haplotypen von 18 prähistorischen Caniden (Hundeartigen) aus Amerika (Alaska, Argentinien, Illinois) und Eurasien (Schweiz, Belgien, Deutschland, Russland) im Vergleich mit den Haplotypen heutiger Hunde und Wölfe. Die Ergebnisse zeigten, dass die erste Domestikation ca. in einem Zeitraum von 32.100 bis

18.800 Jahren stattgefunden haben muss. Der Ursprung der Hunde-Domestikation liegt laut diesen Ergebnissen in Europa und hat, so vermuten die Forscher, mit einer heute ausgestorbenen Wolfspopulation seine Anfänge genommen. Spätere Untersuchungen einer Forschergruppe der Universität von Kalifornien rund um Adam Freedman aus dem Jahr 2014 zeigten anhand Untersuchungen der Genom-Sequenzen, dass sich der gemeinsame Weg von Hunden und Wölfen vor ca. 11.000–16.000 Jahren endgültig getrennt haben könnte. Dazu wurden DNA-Analysen von drei unterschiedlichen Grauwolfpopulationen (Europa, mittlerer Osten, Ost- und Südasien) mit Genom-Sequenzen von ursprünglichen Hundevertretern (Dingos, Basenji und Goldschakal) verglichen. Ihre Ergebnisse zeigten, dass keine der Wolfslinien aus den hypothetischen Domestikationszentren (Europa, mittlerer Osten, Ost- und Südasien) als Ursprungslinie für Hunde

Die heutigen Wölfe sind nicht die Vorfahren unserer Haushunde. *Foto: © byrdyak/stock.adobe.com*

in Frage kommt, sondern die untersuchten Wölfe selbst eher einen Schwesternzweig gebildet haben. Das deutet laut der Forscher darauf hin, dass sich die Wege von Hunden und Wölfen durch einen Prozess, dem sogenannten Flaschenhalseffekt, vor ca. 15.000 Jahren endgültig voneinander trennten. Wie kann so ein Flaschenhalseffekt ausgesehen haben?

Die frühen Vertreter unserer Haushunde waren von einer starken Reduktion der Populationsgröße betroffen, ebenso wie die Wolfspopulation. Das sorgte bei den Hunden zum Einen für die Veränderungen von Körpermerkmalen, die durch Mutationen entstanden sind, und beim Wolf für die enge Verwandtschaft unterschiedlicher Grauwolfpopulationen. Somit haben sich Hund und Wolf zwar immer wieder durchmischt, aber ansonsten unabhängig aus einer geringen Anzahl von Ursprungsindividuen entwickelt. Aufgrund der relativ konstanten Umweltverhältnisse beim Wolf hatte der Flaschenhalseffekt weniger extreme, sichtbare Ausmaße als beim Hund, sorgte hier aber ebenfalls für eine genetische Weiterentwicklung und Entfernung von den Ursprungsvorfahren. Die später erfolgten Untersuchungen an Rassehunden konnten zeigen, dass es einen weiteren genetischen Flaschenhalseffekt vor ca. 150 Jahren gab (Parker et al., 2017). Danach hat die eigentliche Rassehundezucht durch den Menschen begonnen.

Durch ein plötzliches Ereignis (meist Umweltveränderungen) wird die Populationsgröße drastisch reduziert. Dadurch verändert sich die Allelhäufigkeit zufällig und führt zusammen mit einer reduzierten genetischen Variabilität zu einer Veränderung der neuen Gründerpopulation.

Amylase-Gen als Indikator

Lange war der Initialmoment der Hunde-Domestikation für Forscher auf eine Zeitspanne von 11000 bis 16000 Jahren gelegt worden. Grund dafür war die Hypothese, dass das Auftreten des Amylase-Gens als Indikator für die Hunde-Domestikation gilt. Das Forscherteam um Adam Freedman (Freedman et al., 2014) konnte zeigen, dass der Amylase-Gen-Anstieg schon bei einigen Grauwolfpopulationen vorhanden und hingegen bei bestimmten Rassen wie Husky und Dingolinien nur wenig oder sogar gar nicht vorhanden war. Dadurch konnten sie zeigen, dass die Domestikation bereits vor dem Ackerbau begonnen haben kann. Sie schlossen daraus, dass Rassen wie der Husky, hauptsächlich von tierlichem Protein ernährt wurden, das Amylase-Gen bis heute kaum ausgebildet haben. Auch die Untersuchungen an japanischen Hunderassen konnten zeigen, dass es einen engen zeitlichen Zusammenhang zwischen der Verbreitung der Reisanbau-Landwirtschaft und der unterschiedlichen Verteilung der Amylase-Gen-Kopien unter den japanischen Rassen gibt (Tonoike et al., 2016).

Nordische Hunderassen wurden hauptsächlich mit tierischem Protein ernährt, weshalb das Amylase-Gen bis heute kaum ausgebildet ist. *Foto: © Zakharov Evgeniy/stock.adobe.com*

Hunde sind vermutlich zweimal entstanden

Eine weitere Hypothese in der Hundwerdung beschäftigt sich mit der Frage, ob Hunde zweimal entstanden sind. Dazu untersuchte ein Forscherteam (Frantz et al., 2016) die Gensequenz eines vor 4800 Jahren verstorbenen Hundes aus Irland und verglich diese mit 59 Hundefossilien aus verschiedenen Ländern. Die Ergebnisse deuteten darauf hin, dass vor 14000 bis 6400 Jahren eine Spaltung zwischen asiatischen und europäischen Hunden stattgefunden haben muss. Ein weiteres Forscherteam nahm sich ebenfalls der Hypothese der „Zweifachentstehung" von Hunden und ihrer anschließenden Vermischung an (Wang et al., 2016). Sie untersuchten ganze Genomsequenzen von insgesamt 58 Caniden (12 graue Wölfe, 27 primitive Hunde aus Asien und Afrika und eine Sammlung von 19 verschiedenen Rassen aus der ganzen Welt). Dabei fanden sie heraus, dass

Foto: © fotorince/stock.adobe.com

Hunde aus Südostasien im Vergleich zu anderen Populationen eine höhere genetische Vielfalt aufweisen und somit die am stärksten verwandte Bevölkerungsgruppe der grauen Wölfe sind. Das ließ die Forscher die Vermutung aufstellen, dass der uralte Ursprung der Haushunde in Südostasien vor 33000 Jahren liegt. Nach ihren genetischen Berechnungen begann eine Untergruppe von Urhunden vor etwa 15000 Jahren in den Nahen Osten, nach Afrika und Europa zu wandern und kam vor etwa 10 000 Jahren in Europa an. Manche der aus Asien stammenden Linien wanderten vermutlich zurück in den Osten und schufen eine Reihe von Mischpopulationen mit den ursprünglichen asiatischen Linien in Nordchina, bevor sie in die neue Welt aufbrachen.

Doch es gibt neuere Daten, die wiederum von einer einmaligen Domestikation ausgehen und den Ursprung der Hundwerdung in Südostasien vermuten lässt (Botigué et al., 2017; Saey, T.H., 2017). Die Forscher vermuten, dass Hunde und Wölfe sich vor 20000 und 40000 Jahren getrennt haben. Daraus haben sich vor 17000 bis 24000 Jahren zwei genetisch verschiedene Hundegruppen in Europa und Asien gebildet. Bei dieser Untersuchung haben Forscher das komplett erhaltene genetische Material aus verschiedenen Knochenfunden früherer Hunde miteinander verglichen. Neben dem Hinweis, dass sich die Wiege der Hunde in Südostasien befindet und sich die Hunde von dort aus weiter ausgebreitet haben, konnten die Forscher zeigen, dass die ersten domestizierten Hunde noch nicht genetisch darauf vorbereitet waren, Stärke besser zu verdauen. Erst Hunde, die aus der Zeit des Ackerbaus stammte, wiesen eine Veränderung des Amylase-Gens auf. Genetische Untersuchungen mit dem Fokus auf die Evolution von ostasiatischen Hunderassen (Tanabe, 2006; Tonoike et al., 2016) zeigten, dass sowohl der Akita als auch der moderne Shiba und der nahezu ausgestorbene Jomon-Shiba eine bedeutende Anzahl an Kopien des Amylase-Gens besitzen und somit die Fähigkeit haben, Stärke zu verdauen. Ebenso zeigte sich, dass der Genanteil der ostasiatisch-chinesischen Unterart des Grauwolfs bei den japanischen Hunderassen höher war, als bei den westeuropäischen und mitteleuropäisch entstandenen Hunderassen. Auch wird davon ausgegangen, dass dies eben weniger auf eine Zweifachentstehung des Hundes hindeutet. Wahrscheinlicher ist es, dass es eine nachträgliche Rückkreuzung mit den dort lebenden Wolfspopulationen gab, das Erbgut der Hundepopulation (die bereits entstanden war) also erst nachträglich durch dieses Erbgut bereichert wurde.

Trainer-Mythos	Problem	Mach es besser!
Wölfe sind die Vorfahren von Hunden, deshalb können wir das Verhalten von Wölfen auf unsere Hunde übertragen.	Wolf und Hund haben sich vor mehreren Jahrzehntausenden voneinander getrennt. Die heutigen Wolfspopulationen sind nicht die Vorfahren unserer Haushunde, sondern haben sehr wahrscheinlich einen gemeinsamen Vorfahren. Hund und Wolf unterscheiden sich sowohl äußerlich als auch genetisch und in vielen Verhaltensweisen voneinander.	Das „natürliche" Verhalten unserer Haushunde kann am besten an frei lebenden Hunden und Streunern beobachtet werden. Der Vergleich mit dem Wolf ist hingegen weder bei der Ernährung noch in der Erziehung zielführend.

Die 3 Wellen der Domestikation

Die neusten Hypothesen gehen davon aus, dass die Domestikation des Hundes in Wellen stattgefunden haben muss. In der ersten Welle steht die Trennung der territorialen Lebensweise des Wolfes hin zur migranten Lebensweise in der Nähe der Jäger und Sammler. Forscher wie Robert Wayne vermuten, dass die veränderte Lebensweise von einigen „Protowölfen" zu einer Spaltung der Population geführt haben könnte. Erkundungsfreudige und mutige „Protowölfe" sahen den Nahrungsvorteil in der Nähe von menschlichen Lagern und bewegten sich an deren Seite. In der zweiten Welle geht es um die ersten Schritte zur Mensch-Hund-Beziehung. Manche Forscher vermuten, dass das Aufziehen von jungen „Protohundewelpen" zu einer Zähmung der Tiere geführt haben könnte. So entwickelte sich über Tausende von Jahren eine zahmere und tolerantere Unterart der Wolfsfamilie, die den Menschen auf ganz unterschiedliche Weise diente. Die Mehrheit geht jedoch von einer Selbstdomestikation des Hundes aus.
Die dritte Welle beschreibt den Beginn der Mensch-Hund-Kooperationen, in der der Mensch und Hund eine Jagdgemeinschaft bildeten und so erste gemeinsame Erfahrungen sammelten. Einige Forscher gehen sogar davon aus, dass sich in der Zeit, wo Menschen und Wölfe in Familiengruppen lebten, kooperative Jagdgemeinschaften zwischen Wolf und Mensch gebildet haben könnten. Diese „sozial aktive

Domestikationshypothese“ (Kitchenham, 2020) geht davon aus, dass einige Wölfe sich freiwillig den Menschen anschlossen und aufgrund der ähnlichen Sozialstrukturen erleichtert miteinander kommunizieren konnten. Somit entstand für diese Wölfe ein natürlicherer Selektionsvorteil gegenüber ihren scheueren Artgenossen. Im Laufe der Zeit kam es dann zur Abspaltung und Entstehung erster primitiver Hunde.

Was hat der Wolf von der Hundwerdung gehabt?

Parallel zur genetischen Geschichte unserer Haushunde, müssen wir verstehen, warum es dazu kam, dass sich eine Teilpopulation von ursprünglich sesshaften Wölfen den zu dieser Zeit auf Wanderschaft lebenden und erst später sesshaften Menschen anschloss.

Wo Menschen leben, werden Abfälle hinterlassen – das ist nicht nur heute so, sondern zeigte sich schon im Zeitalter der Jäger und Sammler. Abfälle, wie Essensreste und auch andere Hinterlassenschaften der Menschen, gerieten ins Beuteschema der „Protowölfe“ und wurden Teil ihrer Nahrung. Es wird vermutet, dass sich durch die Veränderung der Fressgewohnheiten, eine Teilpopulation von Protohunden vom territorialen und somit vorwiegend sesshaften Leben verabschiedeten, um sich in der Nähe der ständig wechselnden menschlichen Lager aufzuhalten. Demnach hatten weniger schreckhafte Tiere einen Vorteil gegenüber scheueren Tieren, wodurch der Grundstein für die Trennung der Populationen und damit einer neuen Art gelegt wurde (Ganslоßer and Kitchenham, 2019).
Es wird vermutet, dass die Zahmheit

Foto: © tmart_foto/stock.adobe.com

vor allem mit genetischen Veränderungen im Bereich der Hypothalamus-Hypophysen-Nebennierenachse zusammenhängt und somit die Träger dieser veränderten Genvariante die Scheu vor dem Menschen überwunden hatten (Sommerfeld-Stur, 2016). Doch nicht nur die „Protodogs“ hatten in dieser Lebensgemeinschaft Vorteile, denn auch die Menschen genossen durch die Nähe der Tiere einige Vorzüge. Durch die Vorliebe an Abfällen und menschlichen Hinterlassenschaften hielten die „Protodogs“ die Lager der Menschen sauber und beugten somit unangenehmen Gerüchen und Krankheiten vor. Die Körperwärme der Tiere und die Wachsamkeit, die die Hunde zu Bewachern der Lager machten, waren weitere Vorteile einer Gemeinschaft. Vermutlich wurden Hunde auch damals schon als geschätzte Begleiter mit auf die Jagd genommen. Das Bellen rückt im Auge der Wissenschaft hierbei besonders in den Fokus. Lautäußerungen, wie das Bellen, können bei Tieren aus verschiedensten Gründen auftreten. Bellen dient unter anderem der innerartlichen und zwischenartlichen Kommunikation (angeborenes Alarm- oder Pflegerufen), kann aber auch in Form von Jaulen als Schmerzäußerung bei Caniden auftreten oder als Nebenprodukt einer normalen physiologischen Funktion, wie z.B. entspanntes Atmen oder Stöhnen, entstehen. Die Hypothese, dass das Bellen als Bestandteil des Mobbing-Verhaltens (im ökologischen Sinn) der Caniden-Vorfahren verbessert und in den Nachkommen-Populationen von Hunden beibehalten wird, deutet darauf hin, dass das Bellen, oder die Veranlagung zum Bellen, genetisch übertragen wird. Bei dieser Form des Bellens gehen wir davon aus, dass durch die Annäherung eines anderen Raubtieres das Bellen bei Wölfen und Hunden ausgelöst wird. Mobbing wird hier als kooperatives Anti-Raubtierverhalten definiert (Caro, 2005). Interessant ist, dass Forscher davon ausgehen, das Bellen würde vor allem durch das häusliche Umfeld, z.B. begrenzter Wohnraum, häufiger auftreten. Verstärkt wird diese Hypothese durch die Beobachtungen an frei lebenden „Dorfhunden“ von Coppinger und Coppinger (Coppinger and Coppinger, 2001) und Lord (Lord et al., 2009). Die beobachteten Hunde zeigten ein viel geringeres Maß an Bellen als reguläre Haushunde. Grund dafür könnte sein, dass die Dorfhunde eben auf einem nicht eingezäunten Gelände lebten. Das zeigt uns, dass Hunde, die eine Fluchtmöglichkeit haben (nicht eingezäuntes Gelände), vermutlich weniger bellen, als Hunde, die keine Möglichkeit zur Flucht haben (enge Wohnungen, Hundeboxen, Autos). Im Hinblick auf die Adoption eines früheren Straßenhundes sollte diese Art des Bellens immer berücksichtigt werden. Wie alle anderen Caniden können

Hundebellen dient der Kommunikation, es liegt an uns herauszufinden, was unser Hund uns sagen möchte, anstatt das Bellen zu unterdrücken. Foto: Frederike Syrka

Hunde lernen, das Bellen für verschiedene Situationen anzuwenden z.B., um in einer Konfliktsituation die Aufmerksamkeit seines Menschen zu erlangen. Das Hundebellen muss daher immer situationsbedingt beobachtet und analysiert werden. Bellen ist nicht gleich bellen!

Mobbing im ökologischen Sinn

Der Begriff Mobbing wird in der Verhaltensbiologie in unterschiedlichen Zusammenhängen verwendet. Von besonderer Wichtigkeit, für die Entstehung der Mensch-Hund-Beziehung in der Domestikationsgeschichte, ist der ökologische Mobbingbegriff. Dieser beschreibt die Erscheinung, dass bei Auftauchen einer potenziellen Gefahr, alle Tiere, die diese Gefahr wahrnehmen, durch schrille, lautstarke und oftmals mit heftigen Bewegungen verbundene Warnlaute ihre gesamte Umgebung über die Beobachtung in Kenntnis setzen. Wir kennen das, wenn im Frühjahr eine Eule, ein Kuckuck oder ein Greifvogel im Wald gesichtet werden und alle Vögel, über Artgrenzen hinweg, mit schrillem Geschrei diesen potenziellen Feind attackieren. In ähnlicher Weise beobachten wir es auch, wenn ein Mensch mit seinem Hund eine Reihenhaussiedlung betritt, und binnen kürzester Zeit in allen Gärten mit Hund heftiges, lautstarkes Gebell zu hören ist, obwohl nur die wenigsten Hunde den Eindringling selbst gesehen haben.

Kathryn Lord aus der Arbeitsgruppe von Ray Coppinger (Lord et al 2009) hat hierzu interessante Überlegungen angestellt und mit akustischen Untersuchungen am einschlägigen Hundegebell überprüft. Es zeigt sich, dass die lautlichen Eigenschaften dieses schrillen Warngebells (eher verrauschte, unschön klingende und eher hohe Töne) sich deutlich denen der genannten, mobbenden Singvögel annähern. Es ist ein allgemein beobachtbares Phänomen, dass bei der akustischen Kommunikation von Tieren eine verrauschte, schrille und unsauber klingende Tonart häufig mit innerem Konflikt, Stress oder anderen inneren Belastungszuständen verknüpft ist. Ist das Tier dagegen mit sich im Reinen, dann klingen die Töne wesentlich harmonischer und wohlklingender. Auf dem Ostzitoskopbild sehen sie dann auch nicht verrauscht und zackig aus, sondern schön geschwungen.

Bei vielen Tierarten hat dieses Mobbinggeschrei auch noch eine andere Funktion: Der Nachwuchs soll auf potentiell gefährliche Feinde hingewiesen werden. Untersuchungen an verschiedenen Vogel- und Säugetierarten lassen vermuten, dass hier tatsächlich auch Traditionsbildung entsteht. Das können wir durchaus auch bei unseren Hundewelpen und Junghunden ab und zu beobachten, wenn Menschen während des Spaziergangs mit ihrem Junghund in einen lautstarken Streit mit einem zweibeinigen Artgenossen geraten. Die betreffende Person kann dann für den Jungspund zeitlebens zum Problem werden kann. Dieser Nebeneffekt der als elterliche Schutzaggression bezeichneten, lautstarken Angriffe auf potentielle Feinde wird wahrscheinlich vom sogenannten Elternhormon Prolactin unterstützt. Die Überlegungen von Ray Coppinger und seinem Team gehen dahin, dass dieses Mobbing, die Warnung vor sich nähernden Feinden (zwei- oder vierbeinigen), ähnlich wie die bekannten Gänse auf dem römischen Captiol, die Menschen vor der Gefahr gewarnt hätten und dass dies die erste Dienstleistung gewesen wäre, die die Vorfahren unserer Hunde Menschen angedeihen ließen.

Trainer-Mythos	Problem	Mach es besser!
Hunde, die im Haus bellen, sind territorial.	Das Bellen bei Hunden kann viele verschiedene Gründe haben. Bei Hunden aus dem Tierschutz kommt hinzu, dass sie häufig kein eingezäuntes Gelände gewohnt sind. Begrenzte Wohnräume verstärken Mobbing im biologischen Sinn. Dieses Verhalten ist ein akustisches Kommunikationsmittel bei vielen Tieren. Der Alarmruf informiert Artgenossen und/oder Familienmitglieder z.B. über mögliche Eindringlinge oder Gefahren.	Bemerken Sie bei Ihrem Hund häusliches Bellen, sollten Sie zunächst beobachten, was genau das Bellen auslöst. Um das Bellen einzugrenzen eignet sich ein Ritual, z.B. ein Signal, welches Ihrem Hund anzeigt, dass Sie ihn gehört haben und alles in Ordnung ist.

Ohne gegenseitigen Nutzen hätte es diese Beziehung nicht gegeben!

Mensch und Wolf bilden die gleiche ökologische Nische. Das bedeutet, dass ihr Fortpflanzungs- und Überlebenserfolg maßgeblich von den ähnlichen Umweltbedingungen abhängig ist, die ihr Lebensraum zu bieten hat. Der Grund, warum Mensch und Hund trotzdem zusammenkamen, ist wahrscheinlich der erhöhte Erfolg bei der Suche nach Nahrung. Der Zusammenschluss von Menschen und Hunden brachte beiden eine größere Ausbeute bei der Jagd, so wurden Mensch und Hund zu Jagdkumpanen.

Der jagdliche Erfolg von Hund und Mensch im Team, konnte in einer finnische Studie aus dem Jahr 2004 gezeigt werden. Die Forscher (Ruusila and Mauri, 2004) verglichen den Jagderfolg von Jagdgruppen, die entweder mit oder ohne Hunde auf die Jagd gingen. Der Erfolg wurde an der Anzahl der erlegten Elche gemessen. Dabei zeigten die Gruppen, die zusammen mit den Hunden jagten, einen um ca. 50 % höheren Jagderfolg als die Gruppen

Foto: © Zach Cunningham/stock.adobe.com

ohne Hunde. Es konnte auch gezeigt werden, dass der Erfolg umso größer war, wenn wenig Wild vorhanden war. Die Spürnase unserer Hunde ist eben unschlagbar und wird auch heute in verschiedenen Bereichen von uns Menschen eingesetzt.

Veränderung von innen nach außen

Mit der Hundwerdung veränderten die frühen „Protodogs" nicht nur ihr Verhalten, sondern mit der fortschreitenden Zähmung kamen auch immer mehr äußerliche Veränderungen hinzu. Forscher vermuten, dass verschiedene Fellfarben, hängende Ohren oder eine geringelte Rute ein Hinweis auf die Domestikation und die damit verbundene Änderung im Sozialverhalten sind. Ein Domestikationsprogramm an Silberfüchsen zeigt, dass mit dem Grad der Zahmheit das Schwanzwedeln und die Beobachtung menschlicher Handlungen vermehrt gezeigt wird (Hare and Tomasello, 2005). Eine weitere Forschergruppe aus Frankreich schaute sich Gene an, die die Fellfarbe von Hunden bestimmen. Sie untersuchten Genmaterial in steinzeitlichen Canidenknochen und fanden heraus, dass „Protohunde" bereits vor 11000 bis 8000 Jahren ein mehrfarbiges Fell besaßen. Da unsere Vorfahren wohl noch keine Ahnentafeln besaßen, gehen wir davon aus, dass es eine gezielte Selektion auf Zahmheit gegeben hat, die zu weiteren morphologischen und Wesensveränderungen der Tiere geführt haben kann. Die Neuralleisten-Hypothese (Sommerfeld-Stur, 2016) könnte Aufschluss darüber geben, wie es zu den Veränderungen von Aussehen und Verhalten mit fortschreitender Domestikation gekommen sein kann. Die Überlegung ist, dass alle Zellen aller Organe, die für die verschiedensten Domestikationsmerkmale verantwortlich sind, aus dem Neuralrohr stammen. Das Neuralrohr stellt die Grundlage des späteren embryonalen Rückenmarks und des Gehirns dar. Stammzellen aus dem oberen Teil des Neuralrohrs der Neuralleiste wandern im Laufe der körperlichen Entwicklung eines Individuums an ganz andere Stellen im Körper und spezialisieren sich dort. Veränderungen im Verhalten, wie Zahmheit, größere Stressresistenz und äußerliche Veränderungen, wie z.B. Kippohren oder die Scheckung des Fells, können darauf zurückgeführt werden. Sommerfeld-Stuhr zeigt, dass die veränderte Wanderbewegung der Stammzellen im Zusammenhang mit Schilddrüsenhormonen steht. Eine Veränderung des Ausscheidungsrhythmus der Schilddrüsenhormone könnte sich auf die Wandergeschwindigkeiten und Wandereigenschaften der Neuralleistenzellen auswirken und somit domestikationsbedingte Veränderungen auslösen.

Hunde haben es verdient, dass wir lernen, sie zu verstehen, ehe wir uns über ihr Verhalten ein Urteil bilden.

Foto: Selina Winkler

Von der Zähmung über die Domestikation zum Rassehund

Viele Forscher sind sich einig, dass schon unsere Vorfahren bestimmte Fähigkeiten gezielt selektiert haben. Dazu gehören eine reduzierte Angst- und Aggressionsbereitschaft im Umgang mit Menschen (Hare and Tomasello, 2005), ein zahmes Temperament (Hare et al., 2012), ein erhöhtes Interesse am Menschen (Miklósi and Topál, 2013) und die Akzeptanz des Menschen als Sozialpartner (Gácsi et al., 2009). All diese Fähigkeiten machen unseren Hund zu dem, was er heute ist: ein Familienmitglied.

Die Fähigkeiten unserer Hunde wurden im Laufe der Zeit noch spezifischer. Heute existieren etwas mehr als 350 anerkannte Hunderassen (FCI). Anscheinend gibt es für jede Lebenslage eine spezialisierte Hunderasse. Neben den klassischen Hütehunden, Jagdhunden und Wachhunden, gibt es auch Rassen, die sich besonders für kranke oder pflegebedürftige Menschen als Assistenzhunde eignen. Auch die Klassifizierung Familienhund findet sich immer häufiger in den Beschreibungen verschiedener Hunderassen, jedoch ist die Bezeichnung „Familienhund“ nicht klar definiert und somit kein spezielles Rassemerkmal.

Archäologische Funde auf einer sibirischen Insel zeigen, dass die ersten „Hundetypen“ vor ca. 9000 Jahren schon morphologische Unterschiede zu Wölfen zeigten. Auch konnten spezifische körperliche Unterschiede unter den Hunden selbst festgestellt werden. Die entdeckten 13 Hundeskelette zeigten deutliche körperliche Anpassungen an spezielle Arbeitseinsätze z.B. das Ziehen von Schlitten oder die Jagd auf Eisbären. Die Forscher vermuten, dass ihre Funde einer der ersten Jagd- und Schlittenhunde sind (Pitulko and Kasparov, 2017). Die Hundezucht unserer Vorfahren brachte demnach aus ersten künstlichen Selektionen erste grobe „Typen“ hervor, deren Ziel es war, den Menschen beim Überleben zu unterstützen.

Heute lässt sich die funktionale Einteilung der Rassen in Aufgaben wie Hüten, Apportieren, Baujagd und Bewegungssehen auch genetisch nachweisen. Hunde der gleichen Rasse teilen Allele in den Chromosomen und können so einer Rasse-Gruppe zugeordnet werden. Trotzdem können vergleichbare Rasse, die zum selben Zweck gezüchtet werden und auch vergleichbare Fähigkeiten besitzen, Unterschiede in den Genen aufweisen, z.B. der Riesenschnauzer im Vergleich zu anderen Schnauzern. So kann die Entstehungsgeschichte der Rassen gut nachvollzogen werden. Eine Forschergruppe um die US-Forscherin Heidi Parker untersuchte, welche Mechanismen zur Entstehung der Rassevielfalt beigetragen haben (Parker et al., 2017). In jahrzehntelanger Arbeit wurden insgesamt 1346 Hunde aus 161 verschiedenen Rassen sehr unterschiedlicher Zuchtgeschichte aus allen Teilen der Erde – ausgenommen der Antarktis – analysiert. Ziel war es, die Rassegeschichte (Migration, geographische Trennung und Wiedervermischung) aufzuschlüsseln, die zur heutigen Rassevielfalt beigetragen hat. Insgesamt wurden 23 genetische Rassegruppen benannt, die einen Rückblick in die Geschichte der Rassezucht ermöglichen (siehe Sommerfeldstur, 2016).

Neben der Entstehung von Rassen aufgrund eines vom Menschen gewähl-

Die meisten neuen Rassen stammen aus Amerika und sind aus Kreuzungen europäischer Rassen hervorgegangen, so z.B. auch der Australian Shepherd. *Foto: Lea Koslowski*

Foto: Frederike Spyrka

ten Zuchtziels gibt es auch eine Reihe „natürlicher“ Rassen, die ihren Körperbau aufgrund bestimmter ökologischer Anpassungen entwickelten. Ein hohes Körpervolumen ist nach Bergmannscher Regel besonders in kälteren Regionen von großer Bedeutung. Je weiter Tiere vom Äquator entfernt leben, desto größer werden sie. Die Relation Körpergröße zu Volumen sorgt für einen geringeren Wärmeverlust und eignet sich hervorragend für kältere Breitengrade. Nach der Allenchen Regel haben Tiere aus kälteren Regionen gleichzeitig kleinere Körperanhängsel, wie Ohren, Schwänze oder Beinlänge, da über diese Wärme abgegeben wird. Auch für unsere Hunde treffen diese ökologischen Regeln teilweise zu. Jedoch spielt zudem der Arbeitsbereich unserer Hunde eine große Rolle. Beispielsweise muss bei einem Husky nicht nur die Körpergröße mit berechnet werden, sondern auch die Menge der Wärme. Schlittenhunde dürfen demnach nicht zu groß sein, auch wenn sie in kalten Gebieten leben (Coppinger & Coppinger, 2003). Auch Gebrauchshunde, zu denen Hunde für die Jagd, das Ziehen von Schlitten, Hüten oder Treiben von Herden, Herdenschutz und Hofbewachung zählen, entstanden zum Teil durch die Anpassung an das Klima und aufgrund ihrer Funktion, jedoch ohne gezielte menschliche Zuchtstrategie (Gansloßer & Kitchenham, 2019).

Was bedeutet der Rassebegriff?

Eine Rasse ist keine biologische Einheit, sie beschreibt nur eine Gruppe von Tieren einer Art, die sich ähneln und ihre spezifischen Merkmale weitergeben. In der Hundezucht gibt es jedoch auch Mutationsrassen (Sommerfeld-Stur, 2016), die durch punktförmige Veränderungen im Erbgut neue Merkmale hervorbrachten z.B. Kurzbeinigkeit, aber auch Veränderungen im Verhalten. Mutationsrassen sind erst einmal Zufallsprodukte. Die Mutationsrate beträgt ca. 1:10.000 d.h. pro Generation

und 10.000 Gene gibt es eine Mutation. Das Genom eines Hundes umfasst ca. 20.000 Gene. Falls die Mutation für einen bestimmten Lebensbereich besser geeignet erscheint, kann gezielt gezüchtet werden. Gezielte Kreuzungen von Ausgangsgruppen bringen neue Rassen hervor, so entstanden beispielsweise Rassen, wie Eurasier, Elo oder der Retromops.
Seit dem 19. Jahrhundert gibt es die gezielte Rassezucht, wie wir sie heute kennen. Mit den Körungen der sogenannten „Champions" treten auch erste Probleme auf. Jeder möchte seine Hündin von einem Sieger decken lassen, das jedoch sorgt für einen immer kleiner werdenden Genpool. Diese häufig verpaarten Rüden werden auch als „Popular Sire" bezeichnet. Das Erbgut der Popular Sire setzt sich also in zukünftigen Generationen immer weiter durch und Erbeigenschaften von weniger erfolgreichen Rüden, die ebenso wichtig für eine gesunde Rassezucht wären, können sich nicht etablieren. Gerade in Anbetracht des Immunsystems spielt die Gendrift, die bei kleinen Populationen vermehrt vorkommt, eine Rolle. Durch die verringerte Variabilität der Population wird die als MHc-Komplex bezeichnete Gruppe von Immuneigenschaften verringert und stellt nur ein sehr schwaches Abwehrsystem für Viren, Parasiten und andere Krankheitserreger zur Verfügung. Die Folgen sind eine geschwächte Immunabwehr und ein daraus resultierendes erhöhtes Risiko für Krankheiten.

Trainer-Mythos	**Problem**	**Mach es besser!**
„Das ist ein Schäferhund, der tickt halt so!" „Hund ist Hund – alle sind gleich zu behandeln."	Neben der Rasse, entwickelt jeder Hund eine eigene Persönlichkeit und macht individuelle Erfahrungen. Hund ist nicht gleich Hund. Und selbst zwei Individuen einer Rasse können in ihrer Persönlichkeit völlig unterschiedlich sein.	Sehen Sie Ihren Hund als Individuum. Die Rasse Ihres Hundes kann Tendenzen zu seinem Verhalten geben, sind jedoch nicht in Stein gemeißelt. Ja, es gibt auch Golden Retriever, die nicht ins Wasser wollen und nicht jeder Hütehund ist für die Arbeit an der Herde geeignet. Passen Sie sowohl die Erziehung als auch das Training an die Persönlichkeit Ihres Hundes an.

Foto: © annaav/adobe.stock.com

2. Schön, schöner, am schlimmsten – die Qualzucht

Foto: © Maria Moroz/stock.adobe.com

„Spieglein, Spieglein an der Wand, welche Qualzucht ist die schlimmste im Land?“
Schönheitsideale spielen im Leben der Menschen eine große Rolle und nicht selten wird dafür auch chirurgisch Hand angelegt. So werden dann Lachfalten & Co. geglättet, die zahlreiche Geschichten über das Leben erzählen könnten. Wenn sich ein Mensch aus kosmetischen Gründen unters Messer legt, dann ist das seine Sache. Aber ein anderes Lebewesen im Wissen der gesundheitlichen Folgen in ein Ideal „hineinzuzüchten“, ist nicht nur moralisch verwerflich, sondern lässt einen am menschlichen Verstand zweifeln.

Der Blick in diese Knopfaugen lässt jedes Herz erweichen. *Foto: Sarah Mertes*

Im Folgenden stellen wir Ihnen sieben Formen der Qualzucht vor, deren detailliertere Beschreibungen Sie im Buch „Rassehundezucht“ von Irene Sommerfeld-Stur als weiterführende Literatur nachlesen können. Weiter finden Sie auf der Website des Qualzucht-Evidenz Netzwerk – Quellen (*https://www.tieraerztekammer-berlin.de/qualzucht.html*) Kampagnen, Gutachten und weitere Informationen zur Aufklärung von Qualzucht.

Brachycephalie (griech. „kurzer Schädel“)
Brachycephalie oder auch Kurzköprigkeit betrifft eine große Anzahl beliebter Hunderassen. Diese Hunde sind anatomisch so „verzüchtet“, dass es zu starken gesundheitlichen Folgen kommt, die nicht nur die Lebensqualität des Tieres mindern, sondern sogar tödliche Folgen haben können.

Betroffene Rassen: Mops, Engl. Bulldogge, Cavalier King Charles Spaniel, Franz. Bulldogge, Boxer, Pekinese, Shih-Tzu, Malteser, Boston Terrier, Chihuahua, Petit Brabançon

Foto: © Jana Behr/stock.adobe.com

Warum entstand diese Qualzucht?

Die Verkürzung des Kiefers bietet den Vorteil, dass das Zupacken und Zubeißen kräftiger sind, was vor allem bei Wachhunden oder Kriegshunden als sinnvoll angesehen wurde. Forscher fanden heraus, dass Hunde mit verkürzter Schnauze, besser auf Zeigegesten des Menschen reagieren können (Gácsi et al., 2009). Verantwortlich für das verkürzte Wachstum des Schädelknochens ist vermutlich ein erhöhter Serotoninspiegel. In den letzten Jahrzehnten wurde jedoch die normale Variation des verkürzten Schädels weit überschritten. Grund dafür ist das „Kindchenschema“, das bei Betrachtung einer solchen Züchtung bei Menschen sogar das „Belohnungszentrum“ im Gehirn anspricht.

Folgen dieser Qualzucht:

- Wachstum von Gesichts-/Schädelknochen verlangsamt
- Weichteile wachsen normal weiter, relativ langes Gaumensegel und Schleimhautfalten führen zur massiven Einengung der Atemwege
- Sauerstoffmangel
- Hautprobleme durch Falten
- Schlafstörungen (Schlafen ist oft nur im Sitzen möglich oder mit einem Spielzeug im Maul)
- Verengung der Nasenlöcher
- gestörte Thermoregulation
- Beeinträchtigung oder Ausfall der Proteinfunktionen
- Tod
- Ungünstige Kreislaufsituation bei Operationen
- Einrollen des Augenlides, Entzündungen von Lidbindehaut und Hornhaut
- Missbildungen der Wirbelsäule, Bewegungseinschränkung und Schmerzen sowie erschwerte Geburten
- Abflachung der Augenhöhle, Vorfall des Augapfels
- Verschiebung des Platzverhältnisses im Schädelinneren, neurologische Schäden z.B. Krampfanfälle

Riesenwuchs und akromegaler Riesenwuchs (Vergrößerung von Körperenden)

Je größer, desto besser! So das Motto der letzten Jahrzehnte. Grund dafür ist, dass große Hunderassen angst- oder respekteinflößend sind und großartig als Schutzhund oder zur Verteidigung eingesetzt werden können. Ausgelöst wird das Riesenwachstum durch den erhöhten Wachstumsfaktor IGF 1 im Blut.

Betroffene Rassen:

U.a. Berner Sennenhund, Leonberger, Riesenschnauzer, Flat Coated Retriver, Molosser, Deutsche Dogge, Bernhardiner

Folgen dieser Qualzucht:

- Wachstumskurve sehr steil
- Bei der Geburt haben Welpen nur 1 % ihres ursprünglichen Gewichts, dies führt zu einer starken mechanischen Belastung des unreifen Skeletts

- Röhrenknochen weniger dicht und weniger belastbar
- Organismus hat auf Grund des schnellen Wachstums oxidativen Stress, begünstigt spätere Herz-Kreislauferkrankungen und Krebs
- Überlastung des Gelenkknorpels begünstigt Degenerationserscheinungen der großen Gelenke (Hüftgelenk, Ellbogengelenk und Schultergelenk)
- Wachstumsintensivität begünstigt Panostitis eosinophilica (Lahmheit mit Fieber und Störungen des Allgemeinbefindens), dadurch entsteht vermutlich ein höheres Risiko für Knochenkrebs
- Vergrößerung von Organen, wie das Herz, geringere Leistungsfähigkeit, plötzlicher Herztod
- Erhöhtes Risiko für Magendrehungen
- Schnelleres Zellwachstum verstärkt Wachstum von Tumorzellen
- Kleinere Wirbellöcher in der Halswirbelsäule, Kompression des Rückenmarks, neurologische Ausfälle

Zwergwuchs

Je kleiner, desto schicker! Der frühere Adel nutzte kleiner Rassen als Begleit- und Luxushunde, die handtaschentauglich waren! Bei der Jagd verfolgte man mit kleinen Hunderassen das Ziel, neue „Jagdgebiete" zu erreichen, z.B. den Fuchsbau. Grund für diesen Zwergwuchs ist eine Mutation im IGF1-Gen. Auch der Kleinwuchs wurde übertrieben und entwickelte sich ins Extreme. Die Verkleinerung des Körpers ist nicht mehr proportional.

Auch heute sind besonders bei Stars und Influencern Zwergwuchs-Rassen sehr beliebt.

Foto: © Mikkel Bigandt/stock.adobe.com

Betroffene Rassen:
U.a Chihuahua, Zwergspitz (Pomeranian), Teacup-Varianten

Folgen dieser Qualzucht:
- Knochenmasse und Weichteile stehen nicht mehr in einem gesunden Verhältnis. Relativ wenig Knochenmasse begünstigt Frakturen und Schädelbruch aufgrund der dünnen Schädeldecke sowie Mangeldurchblutung des Femurkopfes (oberes Ende des Oberschenkels), was zum Absterben desselben führt.
- Missverhältnis zwischen den Extremitäten erhöht Risiko der erblichen Patellaluxation.
- Verhältnis von Körpermasse zu Körperoberfläche fördert den Verlust von Wärme.
- Zittern führt zu einem hohen Verbrauch von Zucker. Die Folge ist ein hypoglykämischer Schock.
- Trachealkollaps kann aufgrund des verringerten Lumen der Trachea vorkommen.
- Rückwärtsniesen und Atemnot
- Gefahr von Gehirnverletzungen aufgrund von Löchern in der Schädeldecke.
- Vorteil: Höhere Lebenserwartung, da IGF1-Mutation die Lebensspanne erhöht und den Alterungsprozess verlangsamt.

Kleine Hunde haben eine größere Lebensspanne, sie können also älter werden als große Hunde. Immer vorausgesetzt, sie sind gesund! *Foto: © David/stock.adobe.com*

Foto: © adyafoto/stock.adobe.com

Chondrodystrophie (bei Zwergwuchs)
Bei diesem Qualzuchtmerkmal geht es um teils sehr kurze und krumme Extremitäten. Grund dafür ist vor allem der Vorteil kurzer, aber weiterhin kräftiger, Extremitäten bei der Baujagd (z.B. Kaninchenbau). Somit entstand mit den Jahren ein hoher Selektionsdruck (bestimmte Merkmale führen zu einem höheren Fortpflanzungserfolg, hier künstlich durch Menschen herbeigeführt) auf kurze und teilweise krumme Extremitäten.

Betroffene Rassen:
Dackel, Basset, Corgi, Deutscher Schäferhund

Folgen dieser Qualzucht:
- Frühzeitige Kalkablagerung in Zwischenwirbeln, Bandscheibenprobleme bereits im frühen Alter
- Verschiebung des Längenverhältnisses des Rückens und der Beinlänge, zusätzliche Belastung der Lendenwirbel (Folge: Dackellähmung)

Fehlerhafte Extremitätenstellungen
Anders macht schöner? Bei diesem Qualzuchtmerkmal wurden Abweichungen der Norm als Schönheitsmerkmal weitergezüchtet.

Betroffene Rassen:
Verschiedene Rassen z.B. Deutscher Schäferhund, Otterhund

Folgen dieser Qualzucht:
- Keine gleichmäßige Belastung der Gelenkfläche – Überlastung und frühzeitiger Verschleiß
- Arthrosen
- Kreuzbandrisse
- Hüftdysplasie
- Cauda-Equina-Syndrom
- Schmerzen
- Lähmung

Hautprobleme:
Farben und Falten

Mehr ist mehr! Wir Menschen versuchen, möglichst faltenfrei älter zu werden, bei Hunden sind Falten plötzlich total niedlich. Bestimmte Farben sind auch je nach Zeitalter in Mode gekommen und anderes Aussehen ist immer besser als die langweilige Normalität. Bei diesem Qualzuchtmerkmal haben wir eine massive Abweichung der Norm zum Zwecke des Schönheitsideals. Dass Störungen, wie z.B. die Verdünnung des Eumelanins (bei blauen Hunderassen), Störungen der Melanozyten-Migration (z.B. Dalmatiner), Fehlen von Melanozyten (Merle-Färbung), Nacktheit und Faltenbildung auch gesundheitliche Folgen mit sich bringen, wurde leider häufig vernachlässigt.

Betroffene Rassen:

Verschiedene Rassen z.B. Dalmatiner, Shar Pei, Neufundländer, Labrador (silber)

Folgen der Qualzucht:

- Taubheit (Dalmatiner, Merle)
- Missbildung der Augen (Merle)
- Haarbruch aufgrund von Melaninklumpen im Haarschaft (Blaue Hunde)
- Color Dilution (Haarausfall, Juckreiz, Hautprobleme)
- Alopecia (Haarausfall)
- Sonnenbrand, Hautkrebs (Haarlosigkeit)
- Zahnfehlbildungen (Haarlosigkeit)
- Mechanische Irritation und Entzündungen der Haut (Faltenbildung)
- Einrollen des Lidrandes, Augenentzündung, Erblindung (Karoauge)
- Ohrenentzündungen (lange Schlappohren, behaarte Ohren)
- Vermehrte Speichelproduktion bei hängenden Lefzen begünstigt Entzündungen
- Immunologische Störung fieberhafte Anfälle (Shar-Pei – Meat-Mouth-Typ)

Gebissanomalien

Hierbei handelt es sich um weitere Auswirkungen des Zwergwuchses und der Brachycephalie.

Betroffene Rassen:

Siehe Zwergwuchs und Brachycephalie

Folgen der Qualzucht:

- Ober- und Unterkiefer-Fehlstellungen
- Beeinträchtigung der Zahnfunktionen z.B. Abnabelung der Welpen oder fehlende Funktion zur Körperhygiene
- Gebissverschiebung bei Zwergwuchs führt zu Festsetzen von Futterresten in engen Zwischenräumen, die Folge sind Entzündungen und vermehrter Zahnstein
- Caninussteilstand führt zum Beißen der Zahnspitzen in den Gaumen, dadurch kann es zu einer Fistelbildung in der Nasenhöhle kommen.

Foto: Sarah Mertes

Machen Sie es besser!

Trainer-Mythos	Problem	Mach es besser!
Mischlinge sind gesünder als Rassehunde	Ein Mischling wird immer eine genetische Überraschung sein. Oft kommt es zu Kreuzungen, die aufgrund der unterschiedlichen Größe der Elterntiere zu Gelenkproblemen führen oder Qualzuchtmerkmale aus verschiedenen Rassezuchten kommen zusammen. Ein Mischling kann gesund sein, muss es aber nicht!	Informieren Sie sich gründlich über die Herkunft Ihres Hundes und eventuelle rassespezifische Krankheiten sowie Qualzuchtmerkmale. Fällt die Wahl auf einen Mischling, sollten Sie auf jeden Fall darauf achten, dass es sich um eine seriöse Tierschutzorganisation handelt. Schwarze Schafe gibt es sowohl bei Züchtern als auch im Tierschutz.

Ein Mischling muss nicht gesünder sein als ein Rassehund. *Foto: Frederike Spyrka*

Checkliste: Was ich beim Hundekauf/ Adoption beachten sollte!

- ◯ Handelt es sich um eine transparente Zuchtstelle oder Tierschutzorganisation? (Zuchtbuch, Stammbaum, Unterlagen von tierärztlichen Besuchen (auch der Elterntiere) müssen einsehbar sein! Tierschutzorganisation lebt von Spendengeldern und nicht von Vermittlungsgebühren, Einnahmen und Ausgaben sind auf Anfrage einsehbar).
- ◯ Es findet kein Kauf und keine Reservierung ohne Vorgespräch statt und durch Klick nach Foto schon gar nicht.
- ◯ Es besteht die Möglichkeit, die Zucht- oder Pflegestelle vorab zu besuchen und die Elterntiere sowie Welpen und/oder anderen Tiere kennenzulernen.
- ◯ Es gibt einen Kauf- oder Vermittlungsvertrag, dort wird auch festgelegt, dass der Hund zurückgenommen wird, wenn das Zusammenleben nicht funktioniert.
- ◯ Es erfolgt eine gründliche Beratung zur Rasse, Gesundheitszustand und Verhaltensweisen des Hundes.
- ◯ Es erfolgt keine vertragliche Verpflichtung zur Zucht oder Kastration.

Wer Verantwortung beim Hundekauf übernimmt, leistet einen aktiven Beitrag für den Tierschutz. *Foto: © photology1971/stock.adobe.com*

- ◯ Die Zuchtstätte/Pflegestelle ist in einem ordentlichen Zustand und kann besichtigt werden.
- ◯ Die Hunde haben im Idealfall neben dem Kontakt zur Mutterhündin auch Kontakt zu anderen Hunden aus der Zucht/Pflegestelle (Babysittern).
- ◯ Es gibt keine Preisstaffelung für körperliche Besonderheiten, z.B. Fellfarbe, Falten, fehlende Extremitäten.
- ◯ Die Tiere nehmen am Familienleben teil bzw. haben Zugang zum Familienleben der Züchter und Pfleger.
- ◯ Besuche vor dem Abholungstermin werden gestattet.

3. Von Futter, Näpfen und Weizenkörnern – die Ernährung des Hundes

Foto: © ksuksa/stock.adobe.com

In kaum einem Bereich der Hundehaltung tummeln sich so viele, ideologisch-religiös motivierte Grabenkämpfer wie beim Thema der Ernährung. Während auf der einen Seite die hart gesottenen Anhänger des lupomorphen, also auf Wolfsbeobachtungen basierenden, Modells den Hund mit einem möglichst hohen Anteil an Rohfleisch und anderen tierlichen Futtermitteln versorgen möchten, finden wir auf der anderen Seite die überzeugten Veganer, die glauben, sogar ihren Hund oder gar ihre Katze zu diesem angeblich friedvolleren Lebensstil überzeugen zu müssen.

Hier hilft es, wenn wir uns stattdessen mit den Nahrungsgewohnheiten menschenfern lebender Haushunde beschäftigen und die Ideologie erst einmal beiseiteschieben. Beobachtungen an sogenannten Straßenhunden, Dorfhunden und anderen, eher menschenfern bis teils menschenunabhängig lebenden Hundepopulationen auf der ganzen Welt zeigen immer wieder ein ähnliches Muster: Die Hunde ernähren sich zwar zu zirka zwei Drittel von Menschen beeinflussten Nahrungsmitteln, dies sind dann aber in der Regel Küchenabfälle, gegebenenfalls auch Kot oder eben weggeworfene Teile von gerade geschlachteten Tieren. Auch Nachgeburten von extensiv gehaltenen Nutztieren beispielsweise gehören in vielen Gegenden dazu. Betrachtet man die genauere Nahrungszusammensetzung, dann ergibt sich aber immer auch ein großer Anteil pflanzlicher Futtermittel, insbesondere gerade auch der so viel gescholtenen Kohlenhydrate und sogar Stärke.

Nun haben genetische Untersuchungen aufgezeigt, dass unsere Haushundvorfahren bereits vor ca. 15.000 Jahren Veränderungen in ihrem Erbgut erfuhren, die ihnen eine bessere Stärkeverdauung ermöglichten. Interessante Untersuchungen zu diesem Thema finden wir an den verschiedenen Hunderassen in Japan. Dort lässt sich nämlich sogar zeigen, dass die japanischen Hunderassen in unterschiedlichem Ausmaß mit stärkeverdaulichen Verdauungssäften (sogenannten Enzymen) genetisch ausgestattet sind, je nachdem, wie lange die Menschen in ihrem Entstehungsgebiet bereits Reisanbau betrieben haben. Je früher und je intensiver die Menschen in einer japanischen Kultur Reisanbau betrieben, desto mehr Reis- und Kohlenhydratverdauung können die dort entstandenen Hunderassen leisten.

Auch in anderen Regionen der Welt ist die Entstehung von kohlenhydrathaltiger Nahrung, beispielsweise in Form von Getreidebreien, offensichtlich zeitlich recht eng mit der Entstehung einer verbesserten Kohlenhydratverdauung im Ernährungssystem der

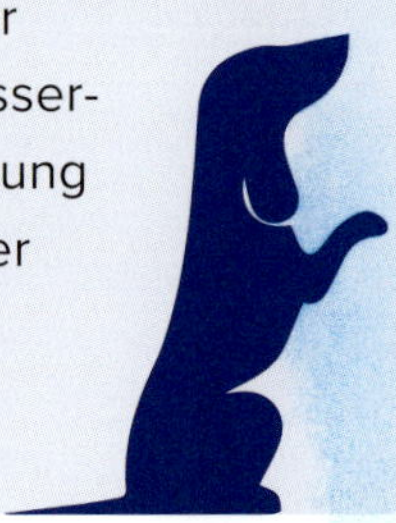

Foto: Selina Winkler

jeweils dort lebenden Haushunde gekoppelt.
Überschlagsmäßige Empfehlungen von kompetenten Hundeernährungsspezialisten gehen daher immer davon aus, dass weniger als die Hälfte (in Gewichtsprozent) des täglich gefütterten Hundefutters tatsächlich auf tierlicher Basis, also Fleisch, Innereien etc., beruhen sollte. Mehr als die Hälfte sollte in jedem Falle aus Sättigungsbeilagen (Kohlenhydratträger, Gemüse etc.) bestehen. Genaueres, gerade auch im Zusammenhang mit den Verhaltensbeeinflussungen, findet sich beispielsweise in dem neuen Buch von Sophie Strodtbeck und Bernd Schröder (Strodtbeck und Schröder, 2020).
Eine tier- und verhaltensgerechte Fütterung des Hundes kann aber innerhalb dieser Maßgaben sowohl mit Fertigfutter (sei es trocken, sei es Dose, sei es eingeweicht) wie auch mit selbst gekochten und selbst zusammengestellten Nahrungsbestandteilen erfolgen. Wer aber seinen Hund mit selbst zusammengestelltem Futter (egal ob roh oder gekocht) versorgen möchte, sollte ihm auch eine kompetente Rationsberechnung durch eine einschlägig qualifizierte Futterberatungsagentur auf veterinärmedizinischer Grundlage gönnen. Vergleichsuntersuchungen an selbst zusammengestellten Hundediätplänen vieler sehr gewissenhafter Hundehalter zeigen nämlich fast immer eine Unter- oder Überversorgung mit bestimmten Mineralien, insbesondere sogenannter Spurenelemente. Diese Fehlversorgung kann (muss aber nicht) über Veränderungen im Hirnstoffwechsel auch wieder zu „merkwürdigen“ Verhaltenserscheinungen des Hundes führen.
Und noch ein Vorurteil gilt es auszuräumen: Ob und wogegen ein Hund allergisch reagiert, hängt primär nicht davon ab, ob er Dosenfutter, Trockenfutter oder selbst zusammengestellte Rationen in roher oder gekochter Form bekommen hat. Es hängt von vielen anderen Faktoren ab, beispielsweise auch von Durchfallerkrankungen in der Welpen- und Junghundzeit, die möglicherweise nach dem Motto „gut gemeint, ist nicht immer gut gemacht“, mit Schonkost bekämpft wurden. Aus verschiedenen physiologischen Gründen können dann gerade die Bestandteile dieser Schonkost später als Allergene auch zu einer Nahrungsmittelallergie führen. Erkennen kann man diese Nahrungsmittelallergie nur mit einer sogenannten Ausschlussdiät, alle anderen Testverfahren sind nicht unbedingt besonders aussagekräftig.

Was braucht Ihr Hund?

Fast jeder Hundehalter möchte nur das Beste für seinen Hund. Kein Wunder, dass der Markt an Hundefutter (inklusive sämtlicher Extras) nur so boomt. Doch was braucht unser Hund (abgesehen von Superfoods und anderem

Schnickschnack) denn wirklich, um bedarfsgerecht ernährt zu werden?

Proteine

Beim Wort Proteine denken die meisten Menschen an Muskelaufbau, Sport und Fitnessshakes. Proteine haben aber sowohl bei uns Menschen als auch bei Hunden viele weitere wichtige Funktionen, als „nur“ den reinen Muskelaufbau. Das Wort Protein stammt aus dem Griechischen („Proteios“) und bedeutet so viel wie „an erster Stelle“. Scheinbar wussten schon frühere Generationen über die Bedeutung von Proteinen Bescheid, denn sie sind überlebenswichtig für Hund und Mensch. Proteine sind neben dem Aufbau von Körpergewebe (Wachstum, Muskelaufbau, Reproduktion), der Beeinflussung von wichtigen Stoffwechselvorgängen und dem Aufbau von Enzymen dafür verantwortlich, dass das Immunsystem funktioniert. Auch das Nervensystem wäre ohne Proteine nicht funktionsfähig und wichtige Lernprozesse könnten gar nicht erst stattfinden. Bei einem ausgewachsenen gesunden Hund sollte das Futter zu etwa 20–25 % aus Roh-Protein bestehen. Allerdings ist an dieser Stelle anzumerken, dass für individuelle Angaben eine Rationsberechnung notwendig ist. Besonders tragende/säugende Hündinnen, Hunde im Wachstum und Arbeitshunde benötigen mehr Protein und der Anteil muss individuell angepasst werden. Auch bei bestimmten Krankheiten z.B. Nieren- oder Lebererkrankungen sollte die Proteinmenge angepasst bzw. verringert werden. Generell gilt, dass sich zu wenig Protein, zu viel oder Proteine in der falschen Zusammensetzung negativ auf das Wohlbefinden, die Gesundheit und das Verhalten von Hunden auswirken. Die optimale Futterration besteht aus einem ausgewogenen Verhältnis von Proteinen, Fetten und Kohlenhydraten und sollte nach individuellem Bedarf des Hundes und nach Verträglichkeit zusammengestellt werden.

Eine Lickmatte ist eine Art Schnickschnack, den Hunde lieben. Im Sommer bringt sie frisch aus der Tiefkühltruhe eine tolle Abkühlung für den Hund. Foto: Selina Winkler

Tryptophan – Bausteine für einen Tausendsassa

Die Aminosäure Tryptophan ist das wichtigste Ausgangsprodukt für die Bildung des Botenstoffs Serotonin, der wahlweise und meistens zutreffend als „körpereigenes Antidepressivum“, „körpereigener Stimmungsaufheller“ oder, nicht immer ganz so zutreffend, als „Anti-Aggressionssubstanz“ bezeichnet wird.
Unbestreitbar ist, dass Serotonin als Tausendsassa, sozusagen als kleines Generalschlüsselsystem im Botenstoffwechsel des Gehirns, eine ganze Reihe unterschiedlicher Bindungsstellen in ganz verschiedenen Gehirnregionen bedienen kann. Mit am Wichtigsten dabei ist einerseits die Wirkung in angstlösenden und aggressionsdämpfenden Regionen der vorderen Großhirnrinde, oder eben die aktivierende, gedächtnisfördernde und antidepressive Wirkung im sogenannten Hippocampus, dem einzigen Gehirnteil, der praktisch keinen bekannten und eingängigen deutschen Namen aufweist und mit dessen lateinischer Bezeichnung wir uns also auseinandersetzen müssen.
Tryptophan ist in einer ganzen Reihe von Nahrungsmitteln enthalten, und auch als Bestandteil von Eiweißen selbstverständlich im Fleisch. Jedoch haben nicht alle Fleischsorten gleich viel Tryptophan, besonders reich ist der Gehalt relativ gesehen in Lamm, damit auch Schaf, beispielsweise auch in Ziege, Gans oder Ente. Zusammengebaut zum Serotonin als Gehirnbotenstoff (seine Wirkung als Hormon zum Beispiel im Darmtrakt vergessen wir jetzt hier) kann das Tryptophan aber nur im Gehirn selbst werden. Dazu bedarf es auch noch einige weitere Substanzen, sogenannter Kofaktoren, zum Beispiel einige B-Vitamine oder das Mineral Magnesium.
Das Tryptophan, das wir beispielsweise mit unserer Nahrung zu uns nehmen, muss also in den Hirnstoffwechsel aufgenommen werden. Und dazu bedarf es eines aktiven Aufnahmemechanismus, der gewissermaßen wie eine Drehtür das Tryptophan auf der Blutseite, der als Bluthirnschranke bezeichneten Abtrennung, aufnimmt und auf der anderen Seite im Gehirnraum wieder abgibt.
Allerdings konkurrieren an diesen Drehtürmechanismen der Bluthirnschranke noch etliche andere Aminosäuren, und einige davon drängen sich auch ziemlich rüpelhaft nach vorne, während das schüchterne kleine Tryptophan weiter hinten in der Reihe stehen bleibt. Zu diesen rüpelhaften Dränglern gehört beispielsweise die Aminosäure Phenylalanin,

als Ausgangssubstanz für die Bildung der aktivierenden Botenstoffe des Katecholaminsystems, also Adrenalin, Noradrenalin und Dopamin.

Nun kann man sich leicht vorstellen, dass je mehr Fleisch oder Eiweiß insgesamt in der Ernährung eines Hundes oder eines anderen Lebewesens enthalten ist, sich umso mehr von diesen Dränglern um die Drehtüren der Bluthirnschranke herum sammeln. Deshalb ist oftmals schon allein eine Absenkung des Eiweißgehaltes, normalerweise auf Werte von unter 25% verdaulichem Roheiweiß, ein erster Schritt zur Stabilisierung und sogar manchmal zur Beruhigung eines übernervösen oder übermotivierten Hundes. Reicht diese Absenkung des Gesamteiweißgehaltes nicht aus, dann wäre der nächste Schritt in der Nahrungsumstellung die Auswahl von Fleischsorten mit einem vergleichsweise höheren relativen Tryptophangehalt, etwa die oben genannten Tierarten.
Ist der Hund dann immer noch nicht mit allen vier Pfoten auf dem Boden, oder zeigt er beispielsweise Anzeichen von Angst, depressiver Verstimmung oder defensiv bis angstgesteuerter Aggression, dann kann die Aminosäure Tryptophan über verschiedene Nahrungsergänzungsstoffe verabreicht werden. Diese Nahrungsergänzungsstoffe enthalten meist auch die genannten Kofaktoren gleich dazu. Ein weiterer wichtiger Punkt ist hier allerdings nicht ganz von der Hand zu weisen: Um das Tryptophan in den Hirnstoffwechsel aufnehmen zu lassen, ist es ausgesprochen hilfreich, wenn gleichzeitig Kohlenhydrate gefüttert werden. Dann werden nämlich viele andere, vor allem auch die Drängler-Aminosäuren, von dem Bauchspeicheldrüsenhormon Insulin in körpereigene Zellen umgeleitet, und das Tryptophan hat freie Bahn an der Drehtür.

Nun sollte man allerdings nicht einfach ohne gezielte und vor allem ausreichend differenzierte Verhaltensdiagnostik das Tryptophans dem Hund zufüttern. Auch einige andere Randbedingungen, zum Beispiel das Verbot der gleichzeitigen Anwendung vieler Psychopharmaka oder auch mancher pflanzlicher Nahrungsergänzungen, sollte man berücksichtigen. Wir haben häufig die Erfahrung gemacht, dass die Gabe einer tryptophanhaltigen Nahrungsergänzung ein wichtiger Schritt zur Stabilisierung des Hundes ist. Vielfach ist sie eine notwendige Voraussetzung dafür, dass der Hund für nachfolgende Verhaltensveränderungen und verbesserte Managementmaßnahmen überhaupt ansprechbar wird.

Fette und Fettsäuren

Fette sind, wie bereits erwähnt, wichtige Energielieferanten und versorgen aufgrund ihrer viel höheren Kalorienmenge den Hund effektiver mit Energie als Kohlenhydrate oder Proteine.
Was genau sind Fette eigentlich? Fette sind Triglyceride und bestehen aus einer Esterbindung zwischen Glycerin und einer Fettsäure. Die Fettsäure kann kurz-, mittel- oder langkettig sein, je nachdem, um welche Fettsäure es sich handelt. Außerdem unterscheiden wir noch zwischen gesättigten und ungesättigten Fettsäuren, die sich durch ihre chemischen Bindungen unterscheiden. Eine wichtige Funktion neben der Energieversorgung unseres Hundes ist vor allem die Funktion des Transports von fettlöslichen Vitaminen (Vitamin A, D, E, K). Zudem dient Fett auch als Geschmacksträger und kann vor allem bei so manchem mäkeligen Futterpessimisten, die Futterakzeptanz wieder erhöhen (Strodtbeck und Schröder, 2020). Wie Sie sehen, sind auch Fette essenziell für eine gesunde Ernährung Ihres Hundes. Eine Unterversorgung mit Fett führt dazu, dass der Körper Ihres Hundes auf die beiden anderen Grundbausteine (Proteine und Kohlenhydrate) der Ernährung zurückgreift, dies kann zur Folge haben, dass sich Muskeln abbauen, Ihr Hund an Gewicht verliert und viele wichtige Körperfunktionen, z.B. das Immunsystem, nicht mehr ihren

Für ein gesundes und glückliches Leben braucht ein Hund eine bedarfsgerechte Ernährung, die speziell auf seine individuellen Bedürfnisse angepasst ist. Foto: © eddy02/stock.adobe.com

Funktionen nachkommen können. Das kann zu einer Krankheit führen. Aber Vorsicht, besonders bei Fetten ist das Motto „viel hilft viel" nicht ideal. Zu viel Fett im Futter führt, wie bei uns Menschen auch, zu Übergewicht und/oder Gefäßerkrankungen. Andere Folgen sind Gelenkprobleme aufgrund des Übergewichts und Lebererkrankungen. Bei gesunden und ausgewachsenen Hunden liegt der empfohlene Fettgehalt im Trockenfutter bei etwa 10–20% und im Nassfutter sind es 3–7% (Strodtbeck und Schröder, 2020). Trotzdem sollten Sie auch hier auf die individuellen Bedürfnisse Ihres Hundes eingehen und darauf achten, wie viel Fettgehalt sich wie auf ihn auswirkt und ggf. eine Rationsberechnung durchführen lassen.

Omega-3-Fettsäuren – eine essentielle Sache!

Die Omega-3-Fettsäuren sind für Hunde und auch uns Menschen besonders wichtig. Sie sind verantwortlich für viele verschiedene Funktionen im Körper.

Dazu zählen:

- Regulation im Gehirn – Alterungsprozess
- Heilungsprozess von Verletzungen und Reizungen
- Nierenfunktion
- Funktion von Muskeln und Gelenken

Das Problem ist, dass Omega-3-Fettsäuren essentielle Fettsäuren sind und sowohl vom Hund als auch vom Menschen nicht selbst produziert werden können. Sie müssen also über die Nahrung aufgenommen werden. Ein Mangel an Omega-3-Fettsäuren kann zu schweren gesundheitlichen Folgen führen. Besonders bei Welpen ist auf eine bedarfsdeckende Zufuhr an Omega 3 zu achten, da die im Omega 3 enthaltene DHA (Docosahexaensäure) die Entwicklung eines gesunden Nervensystems unterstützt. Auch bei trächtigen und säugenden Hündinnen sollte eine Supplementierung von Omega 3 mit einem fachkundigen Tierarzt besprochen werden. In vielen guten Alleinfuttermitteln ist bereits Omega 3 enthalten. Sollten Sie jedoch unsicher sein oder Ihren Hund mit selbst zusammengestellter Kost verwöhnen, raten wir abermals zu einer kompetenten Beratung durch einen Tierarzt mit Fokus auf Ernährung. Neben der bedarfsdeckenden Menge an Omega-3-Fettsäuren ist auch das Verhältnis zu Omega-6-Fettsäuren zu beachten, dieses sollte ungefähr zwischen 2:1 bis 4:1 liegen (Strodtbeck und Schröder, 2020).

Kohlenhydrate

Kohlenhydrate, quasi unsere Turbo-Energiequelle, sind wie Fette und Proteine wichtige Bestandteile in der Ernährung unseres Hundes. Sie sind für viele Stoffwechselprozesse und Zellen des Hundes überlebenswichtig und nicht ersetzbar! Kohlenhydrate unterscheidet man in Einfachzucker (Monosaccharide) z.B. Fruchtzucker oder Traubenzucker (Glucose), Zweifachzucker (Disaccharide) z.B. Haushaltszucker oder Milchzucker und Mehrfachzucker (Polysaccharide) z.B. Stärke, welche unter anderem in Getreide enthalten ist. Im Hundefutter geht es vor allem um die Mehrfachzucker, sie sind ein Zusammenschluss vieler Zuckermoleküle und kommen hauptsächlich in Getreide, Vollkornprodukten, Kartoffeln und auch Hülsenfrüchten vor. Damit die Verdauung von Kohlenhydraten funktioniert, müssen sie in ihre Bestandteile, also in Einfachzucker, zerlegt werden. Bei uns Menschen funktioniert dies schon während wir unser Vollkornbrot gründlich mit unseren Zähnen zerkauen und Amylase und Speichel das Übrige dazu beitragen. Ihr Hund hingegen muss mit der Verdauung der Kohlenhydrate warten, bis das Brot im Dünndarm angelangt ist. Bei uns und auch bei Ihrem Hund übernimmt das Enzym Amylase die Aufspaltung der Kohlenhydrate und teilt die Stärke in ihre Grundbausteine. Andere zuckerspaltende Enzyme sorgen anschließend dafür, dass die Energie in Form von Glucose und Einfachzucker über die Darmschleimhaut, den darauffolgenden Blutkreislauf und durch die Leber im Körper Ihres Hundes an die Stellen verteilt wird, die sie benötigen. Besonders das Gehirn Ihres Hundes benötigt die Energie in Form von Glucose als Treibstoff für wichtige Denk- und

Welpen haben andere Bedürfnisse als erwachsene Hunde, sowohl bei der Ernährung als auch im Alltag.

Foto: Sarah Mertes

Lernprozesse. Daher ist eine Futterreduzierung vor dem Training weder zielführend noch tiergerecht. Die Fähigkeit, Stärke zu verdauen, wird von vielen Hundehaltern und Verfechtern der reinen Fleischfütterung hinterfragt. Forscher rund um den schwedischen Evolutionsgenetiker Erik Axelsson konnten an einer umfassenden DNA-Analyse von 60 Hunden verschiedener Rassen und 14 Wölfen zeigen, dass Hunde mehr Kopien des AMY2B-Gens besitzen, welches ein Enzym produziert, das Stärke in leicht verdauliche Zucker aufspaltet. Mehr zu dieser Studie und Domestikationsgeschichte des Hundes finden Sie im Kapitel „Wie wenig Wolf steckt noch im Hund?".

Plantdog? Veggie für Hunde?

Eine pflanzenbasierte Ernährung ist in Deutschland und vielen anderen Ländern schon lange kein Trend mehr, sondern eine Lebenseinstellung, die jeder Mensch für sich selbst trifft. Der Gedanke an die Umwelt und das Tierwohl ist für die meisten Veganer die treibende Kraft, auf tierische Produkte komplett zu verzichten. Natürlich kommt bei diesem Lebensstil auch die Frage auf, ob das eigene Tier in unserem Fall der Hund, nicht auch rein pflanzlich ernährt werden könnte. Sie müssen sich bei der Ernährung Ihres Hundes immer bewusst machen, dass es sich bei ihm um einen opportunistischen Allesfresser handelt, das bedeutet, dass er sich seiner Lage entsprechend anpassen kann. Trotzdem stehen Sie in der Verantwortung für Ihren Hund eine bedarfsdeckende und dem Tierwohl entsprechende Fütterung zu ermöglichen. Es gibt zwar Studien, die in einer kleinen Versuchsgruppe zeigten, dass eine vegetarische Ernährung keinen negativen Einfluss auf die körperliche Gesundheit der Hunde hatte (Knight and Leitsberger, 2016), jedoch sollten solche Diäten ernährungsphysiologisch mit einer qualifizierten Futterberatungsagentur auf tierärztlicher Basis abgeklärt und abgewogen werden. Letztlich gilt einerseits der §2 des TschG, wonach ein Tier seiner Art gemäß zu verpflegen ist. Zwar ist der Begriff „artgemäß" einer der typisch unbestimmten Rechtsbegriffe, aber im Lichte der o.g. Studien gilt wohl für keine Hundepopulation der Welt, dass sie vegetarisch oder gar vegan lebt. Und noch etwas ist zu bedenken: Moderne Tierschutzforschung verlangt zwei notwendige Voraussetzungen für eine verantwortungsvolle Tierhaltung: erstens die Gesunderhaltung des Hundes und zweitens die Deckung seiner Bedürfnisse. Es gibt, auch bei Straßenhunden, ein paar Wahlversuchsstudien die deutlich zeigen, dass Hunde eben auch Fleisch wählen. Was nebenbei durch die starke Anwesenheit des sogenannten Fleischsaftrezeptors (Umami) auf der Zunge erwartbar ist.

Hunde sind Allesfresser, daher darf auch mal etwas Grünes im Hundenapf landen.

Foto: Sarah Mertes

Andererseits sind z.B. die physiologischen Risiken einer sojabasierten Ernährung deutlich und vielfach bei ganz verschiedenen Tierarten belegt. Letztlich ist beim Haushund der Darmtrakt länger und Schnauze sowie Kiefergelenk etwas mehr an die „Allesfressernahrung" angepasst im Vergleich zum Wolf, aber Vegetarier sind Hunde dadurch nicht anatomisch. Auch eine ethische Frage ist zu berücksichtigen: Einerseits sagt der pathozentrische, also an Schäden/Schmerzen/Leiden orientierte Tierschutzgedanke ganz klar, dass nicht der Tod, sondern das Leben unter nicht verhaltensgerechten Bedingungen das Leiden sei. Wenn also jemand zur Fleischfütterung seines Hundes Schlachtabfälle vom Biobauern seines Vertrauens holt, und diese in hundegerechter Weise mit anderen Futtermitteln mischt, ist es als unethisch zu bewerten, diesen Menschen zu einer Verhaltensänderung bewegen zu wollen, weil man die Lebensqualität eines Anderen einschränkt, ohne dadurch etwas Positives zu bewirken. Und schließlich gelten die Tierversuche zur Berechnung der erforderlichen Mineral- und Vitaminzusätze bei pflanzlicher Hundefütterung als die schwerwiegendsten. Auf tierversuchsfreie Kosmetik zu bestehen und dann dem Hund Nahrungszusätze geben, damit man ihn vegan ernähren kann, ist absurd! Auch eine regelmäßige Untersuchung von Blut und Urin, um Mängel frühzeitig erkennen zu können, liefert meist nur unzureichende Befunde – genauso übrigens am anderen Ende des ideologischen Spektrums bei der reinen Fleischernährung. Bevor ein Mangel im Blut auftaucht, ist der Hund oft schon schwer organgeschädigt.

Besonders bei Welpen raten wir von einer selbst zusammengestellten Ernährung ab, da sie aufgrund ihres Skelett-Wachstums einen besonders hohen Bedarf an Calcium und Phosphor benötigen, um sich gesund zu entwickeln. Von Mineralzusätzen möchten wir an dieser Stelle warnen, da bei zu hoher Calciumkonzentration im Futter die Verwertung von Phosphor (und anderen Elementen wie Zink und Kupfer, die ebenfalls wichtig für die Entwicklung sind) deutlich sinkt und es so bei einem einseitigen Calciumexzess zu einem relativen Mangel an Phosphor und anderen Mineralstoffen kommen kann.

Neben den bestehenden gesundheitlichen Risiken, die bei einer nicht bedarfsdeckenden pflanzlichen Ernährung bestehen, sollten Sie auch darüber nachdenken, welches Futter Ihrem Hund geschmacklich zusagt. Würde er lieber die Gurke oder das Lammfilet mit Kartoffeln und Gemüse vorziehen?

Um trotzdem der Umwelt einen Gefallen zu tun und außerdem der Figur Ihres Hundes eine Freude zu machen, können Leckerlis auf pflanzlicher Basis doch auch eine tolle Ergänzung zum bedarfsdeckenden Basisfutter sein.

Machen Sie es besser!

Trainer-Mythos	Problem	Mach es besser!
Der Hund ist ein kleiner Wolf und braucht deswegen viel Fleisch im Futter.	Wolf und Hund werden in Ernährungsfragen sehr oft gleichgesetzt, obwohl sich der Hund im Laufe seiner Domestikationsgeschichte nicht nur durch sein Verhalten an den Menschen angepasst hat, sondern auch sein Verdauungssystem. Zudem sind die Ansprüche der Natur ganz anders, als unsere Ansprüche an das Hundeleben. Denn ohne eine bedarfsdeckende Ernährung und medizinische Versorgung würde sich die Lebenserwartung von unserem Hund erheblich vermindern.	Hunde sind Carni-Omnivoren (Allesfresser, die sich auch regelmäßig von tierischer Nahrung ernähren). Daher sollte ihre Ernährung auch dementsprechend angepasst werden. Eine bedarfsdeckende Ernährung und medizinische Versorgung ermöglichen ein langes und gesundes Hundeleben. Denn der Hund ist eben kein kleiner Wolf.
Getreide ist schlecht für Hunde! Gutes Futter ist getreidefrei.	Auch hier wird wieder mit dem Vergleich zum Vorfahren Wolf argumentiert, da Wolf und Hund angeblich den gleichen Verdauungstrakt besitzen. Doch auch am Hundedarm ist die Domestikationsgeschichte nicht vorbeigegangen und hat ihre Spuren hinterlassen. Untersuchungen zur Konzentrationsfähigkeit und Risikovermeidung bei Hunden zeigen,	Der Annahme, dass gesunde erwachsene Hunde von vornherein keine Stärke verdauen können, kann widersprochen werden. Hunde können Stärke verdauen. Es sollte jedoch bedacht werden, dass bei einer Kohlenhydratmenge von über 60 % Durchfälle auftreten können, da diese Mengen nicht vollständig verdaut werden können. Mehr Infos zur Getreideverdauung entnehmen

	dass leichtverdauliche Kohlenhydrate diese Leistung steigern. Zudem wird nur durch die Fütterung von Kohlenhydraten die Aufnahme von Tryptophan, einem wichtigen Baustein für Serotonin, ins Gehirn erleichtert.	Sie bitte weiterer Fachliteratur.
Spielen nach der Fütterung erhöht das Risiko einer Magendrehung, gerade große Hunde sollten erhöhte Futternäpfe haben.	Die verrückten 5 Minuten treten meistens nach dem Fressen auf, wenn der Energieversorgungszustand sehr gut ist. Tierärztliche Umfragestudien zeigen keinen erkennbaren Zusammenhang zwischen der Magendrehungshäufigkeit und den genannten Faktoren.	Ein Anti-Schling-Napf verhindert die schnelle Nahrungsaufnahme und die dadurch entstehende Gefahr der Magendrehung. Zusätzlich führt die verlangsamte Nahrungsaufnahme dazu, dass ein Sättigungsgefühl bei Ihrem Hund eintritt.

Getreide im Futter ist nicht für jeden Hund schlecht. *Foto: © Eva/stock.adobe.com*

4. Was Mensch und Hund verbindet

Foto: © glazunoff/stock.adobe.com

Die wichtigste Grundlage von einem harmonischen und glücklichen Leben mit Ihrem Hund, stellt die Bindung zu ihm Hund dar. Sie können sich die Bindung, wie eine Art Fundament vorstellen, welches zunächst gründlich befestigt werden sollte, ehe darauf gebaut wird. Ist das Fundament gar nicht oder nur stellenweise gegossen worden, wird das Bebauen mühselig, weil immer wieder errichtete Wände zusammenbrechen werden. Ähnliches passiert auch bei der Erziehung Ihres Hundes. Kann sich dieser nicht auf Sie als sichere Bezugsperson verlassen, wird er in unsicheren oder neuen Situationen keine Sicherheit durch Sie bekommen und Schwierigkeiten haben, Neues zu lernen, Stress abzubauen und in Kooperation mit Ihnen zu agieren. Höhlenmalereien in den Acacus-Mountains in Libyen sind die bisher ältesten Zeichen dafür, dass Mensch und Hund gemeinsam kooperierten. Die Malereien zeigen Bilder von verschiedenen Einsatzgebieten der Hunde sowie die Verwendung von Leinen, um die Hunde zu führen (Gansloßer & Kitchenham, 2019). Auch auf europäischer Seite erhalten wir Einblicke in die Mensch-Hund-Beziehung. Bei Ausgrabungen alter Siedlungen wurden „Hundegräber" gefunden, die ca. 12 000 v. Chr. errichtet worden sind (siehe Gansloßer & Kitchenham, 2012). All diese Funde zeigen, dass Mensch und Hund eine lange Geschichte verbindet, die vermutlich sogar die Entwicklung des Menschen selbst beeinflusst haben könnte (Schleidt, 2003). Aufgrund dieser langen Geschichte stehen wir in der Verantwortung, unserem Hund ein schönes Leben an unserer Seite zu ermöglichen. Die Beziehung und Bindung zu Ihrem Hund sind dafür die Grundlage.

Bindung und Beziehung sind doch dasselbe, oder?

Die meisten Hundebesitzer beschreiben die Beziehung zu ihrem Hund häufig mit dem Begriff der „Bindung", stellen sich aber nie die Frage, was eine gute Beziehung oder eine stabile Bindung überhaupt sind. Oft werden die beiden Begrifflichkeiten fälschlicherweise als Synonym verwendet. Eine soziale Beziehung stellt keine Momentaufnahme dar, sondern bildet sich aus vielen verschiedenen Interaktionen zwischen zwei oder mehreren Individuen. Dabei ist die Beziehung nach Hinde (1976) meist funktional und dient dem Ziel, voneinander zu profitieren. Wichtige Faktoren für eine Beziehung nach dem Seewiesener Modell (Gansloßer and Kitchenham, 2015):

Attraktivität

Die Attraktivität wird hier nicht im sexuellen Sinne gesehen, sondern viel mehr in Anbetracht der Eigenschaften, die einen Artgenossen als Beziehungspartner interessant machen.

Erträglichkeit

Die Erträglichkeit ist definiert als die Folge von Statussumme, Persönlichkeitsmerkmalen, Alter, Geschlecht und Statusunterschieden zwischen zwei Individuen. Je größer die Statussumme der beiden Individuen ist, desto länger dauert es, eine Beziehung aufzubauen. Bei großen Statusunterschieden oder geringeren Statussummen geht dies vergleichsweise schneller. Somit dauert es beispielsweise bei zwei großen, statusähnlichen, selbstbewussten Rüden länger eine Beziehung aufzubauen, als bei zwei statusniedrigen Individuen. Die Beziehung zwischen den Individuen mit der höheren Statussumme ist jedoch häufig hinterher intensiver als bei den Statusniedrigen.

Verfügbarkeit

Bei der Verfügbarkeit geht es nicht um die Anwesenheit eines Beziehungspartners, sondern um die Anwesenheit weiterer potenzieller oder bereits entstandener Beziehungen und auch um die Anwesenheit weiterer Artgenossen, da diese eine neue Beziehung stören können. Es dauert länger, eine Beziehung zwischen zwei Individuen auszubilden, wenn mehrere potenzielle Beziehungspartner anwesend sind, als

Je mehr Beziehungspartner zur Verfügung stehen, umso länger braucht ein Hund, um Beziehungen auszubilden.

Foto: Marvin Mündelein

wenn nur ein mögliches Individuum verfügbar wäre. Hat ein Individuum bereits eine Beziehung zu einem Partner entwickelt und wacht darüber, dass ihm niemand dazwischenfunkt, spricht man von der triadischen Hemmung. Eifersucht dagegen entsteht erst, wenn es zu einer emotionalen Bindung kommt.

Schauen wir uns diese 4 Faktoren genauer an, wird in Hinblick auf die Beziehung zu unseren Haushunden deutlich, dass die Mensch-Hund-Beziehung mit diesem Modell beschrieben werden kann. Ein Besitzer, der seinem Hund lediglich Futter bereithält und ansonsten keinerlei attraktive Eigenschaften für seinen Vierbeiner mit sich bringt, wird es viel schwerer haben, mit seinem Hund eine Beziehung aufzubauen als ein Mensch, der seinem Hund einen spannenden Spaziergang und soziale Interaktionen (Spielen, Training, Schutz etc.) bietet. In Bezug auf den Faktor Vertrautheit, wird ein Mensch mit klaren Regeln und Routinen schneller als verlässliche Bezugsperson von seinem Hund wahrgenommen, als ein Besitzer, der jeden Tag die Regeln ändert. Sie tuen Ihrem Hund etwas Gutes, wenn Sie sich bereits vorher

Klare Regeln machen Sie als Bezugsperson für Ihren Hund verlässlich.

Foto: © Superingo/stock.adobe.com

darüber im Klaren sind, welche Regeln im Zusammenleben mit ihm gelten sollen. Wie hätten Sie es als Kind gefunden, wenn es Ihren Eltern zunächst scheinbar egal war, wann und wie lange Sie vor dem Fernseher saßen, Ihre Mutter Sie dann allerdings eines Tages aus heiterem Himmel für eine Stunde vor dem TV bestraft hätte. Hätte es Sie verunsichert? Wäre es Ihnen beim nächsten Mal schwergefallen, Ihre Eltern einzuschätzen? Klare Regeln und Routinen sind essenziell für einen verlässlichen Beziehungspartner. Selbst die Persönlichkeit und sogar das Geschlecht des Besitzers kann Einfluss auf die Erträglichkeit des Beziehungspartners nehmen und dadurch Unterschiede in der Qualität der Beziehung aufweisen. In einer kleinen Testgruppe konnte Kurt Kotrschal beobachten, dass Rüden, die von Frauen gehalten wurden, eher zurückhaltend in der Öffentlichkeit auftraten, während die Rüden mit einem männlichen Besitzer in derselben Situation offener und erkundungsfreudiger waren (siehe Gansloßer und Kitchenham, 2012). Resultate aus anderen Studien lassen vermuten, dass die Art der Beziehung und die Persönlichkeit des Menschen, die Stressresistenz eines Hundes beeinflussen. Ein gelassener und sozial aufgeschlossener Halter stellt einen attraktiveren Beziehungspartner dar und erhöht die Stressresistenz seines Hundes, als ein eher unsicherer, verschlossener Halter.

Wenn ein neuer Hund in eine Großfamilie einzieht, die schon einen weiteren Hund hält, kann es für den neuen Hund schwer werden, eine Beziehung zu allen Familienmitgliedern gleichzeitig aufzubauen. Daher ist es in einer solchen Situation wichtig, dass er die Möglichkeit hat, die Familienmitglieder einzeln kennenzulernen. Dieser Aspekt sollte auch in sogenannten „Welpengruppen“ unbedingt berücksichtigt werden. Es ist sinnvoll, den Neuling zuerst mit dem rangniedersten Tier zu konfrontieren, da eine einmal gebildete Beziehung zu dem ranghöchsten „Anführer-Tier“ das Interesse an den anderen Tieren hemmen würde. Übrigens gibt es dieses Schema der Zusammenführung schon lange bei Pferden oder Zootieren (Gansloßer, 2020). Viele Hundehalter würden jetzt widersprechen, wenn wir ihre Beziehung zu ihrem Vierbeiner als reine „Zweckgemeinschaft“ abstempelten. Denn für die Mehrheit hat die Beziehung zu ihrem Hund eine hoch emotionale Bedeutung und wird nicht allzu selten mit der Eltern-Kind-Beziehung verglichen. Tatsächlich stellt der Begriff der Bindung eine exklusive und emotionale Verbindung zu einem speziellen Partner dar und kann nicht durch einen anderen Partner derselben sozialen Kategorie ersetzt werden. Nach dem Konzept von Bowlby-Ainsworth erfordert das Konzept von Bindung vier wichtige Bestandteile, mehr dazu auf Seite 67.

Jeder Hund sollte lernen, entspannt allein zu bleiben.

Foto: Selina Winkler

Innere Repräsentanz
Die Fähigkeit, sich an die besonderen Eigenschaften seines Bindungspartners zu erinnern.

Zielgerichtetheit des Kontakthaltens
Die immer wiederkehrende Aufrechterhaltung von sozialem Kontakt auf beiden Seiten.

Die sichere Basis
Die Vermittlung von Sicherheit durch die Bezugsperson während des Erkundungsverhaltens.

Der sichere Hafen
Der Partner stellt einen Rückzugsort bei Gefahren und vermeintlich bedrohlichen Situationen dar. Aus diesen Bestandteilen ergeben sich nach dem Bowlby-Ainsworth-Konzept vier gleichberechtigte und gleich wichtige Elemente, die eine gute Bindung ausmachen.

Nähe suchen
Das Suchen nach Nähe führt unter Bindungspartnern selbst ohne weitere Interaktionen dazu, dass das sogenannte „Bindungshormon" Oxytocin ausgeschüttet wird. Dieses sorgt für einen Wohlfühlfaktor unter den Bindungspartnern.

Trennungsreaktion
Bei einer plötzlichen Trennung von einem Bindungspartner kann es zu einer mehrstufigen Trennungsreaktion kommen. Die erste Phase zeigt sich als eine Protestphase, bei der Lautäußerungen, Suchen und anderes Kontaktverhalten gezeigt wird. In dieser Phase kommt es zu einem Anstieg der Stresshormone, Katecholaminen (Adrenalin, Noradrenalin, Dopamin) wie Glucocorticoide (Cortisol). Andere Aktivitäten außer der Suche werden zunächst einmal zurückgestellt. Wenn es jetzt zu einer Wiederzusammenkunft der Bindungspartner kommt, regulieren sich das Verhalten sowie der Hormonhaushalt schnell Richtung Ausgangswert. Die individuell lang andauernde Protestphase wird von der Depression abgelöst. Diese zeichnet sich durch das Einstellen des zuvor gezeigten Verhaltens und durch Hormoncharakteristika aus, die nach Ende der Trennung durch die erhöhte Reaktivität immer noch in der Nebennierenrinde nachgewiesen werden können (siehe Gansloßer, 2020).

Es ist normal, wenn Ihr Hund leicht winselt oder kurz bellt, sobald Sie die Wohnung verlassen. *Foto: © Eva/stock.adobe.com*

Trennungsstörung (von Jenny Gesine Silbermann)

Hunde gehören seit vielen tausend Jahren zum Leben des Menschen dazu. In der westlichen Welt lebt der Mensch dabei eng mit seinem Gefährten zusammen, so dass der Hund zu einem wichtigen Sozialpartner geworden ist. Durch viele gemeinsame Interaktionen entsteht zwischen Hund und Mensch eine Bindung, die dadurch gekennzeichnet ist, dass der Hund durch den Menschen soziale Unterstützung erfährt, sich bei empfundener Gefahr auf diesen verlassen kann, beide Bindungspartner die Nähe des anderen suchen und bei Trennung voneinander eine Trennungsreaktion gezeigt wird.
Trennungsverhalten wird bei vielen sozial lebenden Arten beobachtet. Im Allgemeinen soll das Verhalten bei einer Trennung dazu führen, dass die Distanz zur Bindungsfigur verringert wird. Auch hormonell zeigt sich eine Aktivierung, da es zu steigenden Stresshormonkonzentrationen kommt. Verhaltensweisen wie Bellen, Heulen, Weinen sowie eine generell erhöhte physische Aktivität sind im Hinblick darauf nachvollziehbar und auch sinnvoll. Es ist wichtig, sozial integriert zu sein, um eine höhere Wahrscheinlichkeit zum Überleben zu haben.
Hunde können aber lernen, dass Alleinsein nicht bedeutet, dass sie in Gefahr sind und dass sie sich darauf verlassen können, dass ihr Mensch zurückkehrt. Lernen Hunde dies durch kurze Sequenzen des Alleinseins, die nach und nach verlängert werden, stellt sich eine Erwartungssicherheit ein, und Hunde zeigen während der Trennung vom Menschen kaum physische Aktivität und können zur Ruhe kommen.
Anders ist es, wenn sich im Hund Trennungsprobleme entwickeln. Laut Horwitz und Mills (2009) sind Trennungsprobleme mit 20 bis 40% eine der häufigsten Verhaltensprobleme bei Hunden. In Studien konnte festgestellt werden, dass bei Vorliegen einer Trennungsproblematik, während der Trennung vor allem folgende Verhaltensweisen gezeigt werden können: Vokalisation, Zerstörung von Gegenständen, hohe (und über die Dauer nicht abnehmende) physische Aktivität, Ausscheiden, Lethargie und repetitive Verhaltensweisen (Overall, 2013; Ogata, 2016).
Da eine Symptombehandlung wenig sinnvoll ist, stellt sich jedoch die Frage, warum ein Hund diese Verhaltensweisen zeigt. Lund und Jørgensen (1999) beschreiben, dass verschiedene Emotionen wie Furcht und Frustration dem Verhalten zugrundliegen können. Dies trifft laut einer

Studie von Lenkei und Kollegen (2018) beispielsweise auf Lautäußerungen zu, wobei festgestellt wurde, dass Hunde mit Trennungsangst eher weinten, wohingegen Bellen bei allen Hunden, auch bei denen ohne Trennungsangst, zu beobachten war. Interessanterweise bellten die Hunde mehr, die Halter hatten, die im Alltag nachgiebiger mit ihnen umgingen, wodurch eine niedrige Frustrationsschwelle entstanden sein könnte. Um das Trennungsproblem zu lösen, sollte die Ursache unbedingt analysiert und beachtet werden, da Herangehensweisen im Training unterschiedlich ausfallen. Die Dokumentation des Verhaltens während der Trennung, bestenfalls mit Video und Ton, sowie eine detaillierte Anamnese durch einen Hundetrainer oder -verhaltensberater, sind dabei besonders wichtig, um das Trennungsproblem zu beurteilen und passend zu trainieren.

Es gibt viele Faktoren, die das Auftreten von Trennungsproblemen beeinflussen können, beispielsweise die Qualität der Bindung von Hund und Halter und die Persönlichkeit des Hundes.

Aus der Humanpsychologie weiß man, dass die Mutter-Kind-Bindung maßgeblich von der Reaktionsfähigkeit der Mutter beeinflusst wird und bedeutend für das Auftreten von Trennungsproblemen ist (Crockenberg, 1981; Leerkes, 2011; Meins et al., 2001; Dallaire & Weinraub, 2005). Konok und Kollegen (2011) konnten feststellen, dass Hunde mit Trennungsängsten keinen Schutz bei ihren Menschen suchten, was für eine unsichere Bindung spricht. Die Wichtigkeit der Reaktionsfähigkeit des Menschen, analog zur Mutter gegenüber dem Kind, konnte in einer Folgestudie der Forschergruppe beobachtet werden (Konok et al., 2019). Mit Reaktivität ist gemeint, inwiefern Halter auf die Bedürfnisse ihres Hundes eingehen. Die Hunde von wenig reaktiven Menschen zeigten dabei eine erhöhte Ausschüttung von Stresshormonen oder stressbezogene Verhaltensweisen. Hier sei deutlich darauf hingewiesen, dass darunter auch Hunde waren, die zwar nach außen ruhig wirkten, aber starken physiologischen Stress hatten. Interpretiert wurde dies als verschiedene Bindungstypen, ebenfalls bekannt aus der Humanpsychologie, wobei ein Hund, der nach außen ruhig wirkt, aber starken physiologischen Stress empfindet, als vermeidend und ein Hund, der starke Stresssignale nach außen zeigt, als ängstlich gebunden gilt. Der vermeidende Hund hat keine guten Erfahrungen mit seinem Menschen gemacht und unterdrückt deswegen bindungsfördernde Verhaltensweisen, der ängst-

lich gebundene Hund hingegen verlangt nach Kontakt. Beides kann eine Strategie sein, um mit der fehlenden Reaktivität der Hundehalter umzugehen.
Naheliegend ist außerdem, dass auch die Persönlichkeit des Hundes einen Einfluss haben kann. Dies wurde beispielsweise in einer Studie von Mendl et al. (2010) nachgewiesen. Nachdem durch die Forscher eine Erwartungshaltung bei den Hunden aufgebaut wurde, in dem auf einer Seite des Zimmers immer eine volle Schale mit Futter und auf der anderen eine leere Schale stand, wurde die Ausprägung von Pessimismus anhand der Laufgeschwindigkeit zugeordnet. Die Ergebnisse zeigten, dass vor allem pessimistische Hunde häufiger Probleme mit der Trennung hatten.
Sehr spannend sind auch die Erkenntnisse von Salonen et al. (2020), die herausfanden, dass es für das Auftreten von Trennungsproblemen vermutlich auch genetische Zusammenhänge gibt. Geräuschempfindlichkeit, Angst vor Oberflächen, Höhenangst und trennungsbezogenes Problemverhalten wurden dabei bei einigen Hunderassen deutlich häufiger festgestellt (Salonen et al., 2020). Möglicherweise könnte eine selektive Zucht das Auftreten von Furcht verringern.
Die Begrüßung scheint eine besondere Rolle zu spielen, wenn es um das Trennungsverhalten von Hunden geht. Schon 2011 konnten Rehn und Keeling beobachten, dass das Begrüßungsverhalten mit der Dauer der Trennung intensiver wurde. Dabei wirkt vor allem die Art der Begrüßung unterschiedlich auf das Stressempfinden des Hundes. Hunde, die körperlich und verbal begrüßt wurden, erholten sich vom Trennungsstress am besten, aber auch das ausschließlich verbale oder körperliche Begrüßen führte zu einer Senkung des Cortisolspiegels, wobei dies beim Ignorieren des Hundes nicht beobachtet werden konnte (Rehn et al., 2014). Ignoriert man seinen Hund nach der Trennung nicht, sondern begrüßt diesen in ruhiger Weise mit lieben Worten und Streicheleinheiten, kann man ihm helfen, sich besser zu entspannen und Stress zu dämpfen.

Begrüßungsrituale gehören zur harmonischen Mensch-Hund-Beziehung dazu. Foto: © Yakobchuk Olena/stock.adobe.com

Was bedeutet das für Hundehalter?

Das Heulen nach einer Trennung ist ein Stimmfühllaut und keine Depression: Hunde, die nach einer Trennung heulen oder bellen, weisen meist keine Trennungsdepression auf, wahrscheinlich nicht einmal eine erste Protestphase. Hier spricht man eher von einem Stimmungslaut, dem sogenannten „Loneliness Cry“. Studien an Wölfen und Hunden haben gezeigt, dass es keinen Zusammenhang zwischen der Intensität des Heulens und der Ausschüttung des Stresshormons Cortisol gibt. Zudem zeigen Beobachtungen über den zeitlichen Verlauf der Trennungsreaktion, dass die Aktion des Hundes mit der Länge der Trennungsdauer abnimmt. Auch zeigt sich, dass die Verhaltensweisen nach der Trennung in einem Zyklus von 23 bis 28 Minuten immer wieder heftiger und schwächer werden. Dabei können die Trennungsreaktionen von Hund zu Hund unterschiedliche ausfallen (vgl. Gansloßer und Kitchenham, 2015). Seien Sie sich beim Training des Alleinbleibens bewusst, dass ein kurzzeitiges mit der Zeit schwächer werdendes Jammern oder Heulen, noch keine echte Trennungsstörung ist. Im Umgang mit Ihrem Hund empfiehlt es sich, in einer solchen Situation Geduld zu haben und Momente der Ruhe für Ihr Zurückkommen zu nutzen. So lernt Ihr Hund mit der Zeit, dass auf Sie Verlass ist und Sie immer zu ihm zurückkommen.

Üben Sie das Alleinbleiben in ganz alltäglichen Situationen z.B. wenn Sie den Müll rausbringen.

Foto: Sarah Mertes

Bindung

Bindung ist etwas Exklusives. Sie können sich die Bindung als emotionalen Gipfel der Beziehung vorstellen. Zu Anfang entwickeln Sie zu einem anderen Menschen eine Beziehung, die einem gewissen Zweck dient, z.B. dem Vergnügen. Sie sind Gefährten, die gerne gemeinsam etwas unternehmen. Nach und nach verbindet Sie aber viel mehr mit dieser Person und Sie fühlen sich in ihrer Nähe geborgen, sicher und bauen Vertrauen auf. Plötzlich ist diese Person durch keine andere Person mehr zu ersetzen. Auch Hunde können diese individuellen Bindungen eingehen. Der individuell gebundene Beziehungspartner sorgt neben der Reduktion von Stress in Belastungssituationen auch für eine Verbesserung des Gesundheitszustandes seines Bindungspartners. Verantwortlich für diese tiefere Beziehungsform sind die Hormone Oxytocin und Vasopressin (siehe Seite 172 Hormonverzeichnis).

Ortsbindung vor individueller Personenbindung

Die Fähigkeit von Hunden, Menschen als Individuen zu unterscheiden und bevorzugte Beziehungen einzugehen, beginnt nicht gleich nach der Geburt. Noch bevor ein Bindungspartner unseren Hunden die nötige Sicherheit geben kann, können unsere Hunde im Zeitraum zwischen der achten und vierzehntern Lebenswoche Ortsbindungen eingehen. Die Ortsbindungen sind in dieser Zeit das wichtigste Element der Wiedererkennung und Sicherheit. Untersuchungen der Budapester Arbeitsgruppe konnten mit Hilfe des Bowlby-Ainsworth-Bindungstest zeigen, dass bei Welpen ab der sechzehnten Woche von einer beginnenden Bindung an den Menschen gesprochen werden kann (Gansloßer and Krivy, 2020).

Was bedeutet das für den Mensch-Hund-Alltag?

Haben Sie gerade einen Welpen bei sich aufgenommen und wundern sich, warum dieser kein Interesse an Ihrer ersten Gassirunde hat? Grund dafür ist die intensive Ortsbindung von der sechsten bis zur vierzehnten Lebenswoche. In dieser Zeit ist Ihr Welpe weniger individuell gebunden und lässt sich leicht an neue Menschen gewöhnen. Um so wichtiger ist für ihn jedoch der bevorzugte Aufenthaltsort. Für Ihren Welpen stellt das neue Zuhause einen heimeligen Ort dar, der ihm in Kombination mit freundlichen und verlässlichen Bezugspersonen Sicherheit gibt. Natürlich sollte Ihr Welpe trotzdem in den Genuss kommen, seine nähere Umgebung kennenzulernen. Hier empfiehlt es sich, dass Sie sich Stück für Stück von zuhause entfernen und nicht gleich am ersten Tag schon eine Runde um den Block gehen. Ruhige Wiesen mit wenig Ablenkung und nicht weit vom eigenen

Zuhause entfernt, eignen sich hervorragend für Ihren Welpen als Löseplatz. Falls Sie in der Stadt wohnen, können Sie Ihren Welpen auch zur nächstgelegenen ruhigen Grünfläche tragen (sofern das Gewicht es noch zulässt). Etwa ab der vierzehnten Lebenswoche wird Ihr Hund beginnen, auch außerhalb seines geschützten Zuhauses mit Neugierde und Erkundungsfreude die Welt zu entdecken. Oft bemerken Sie dieses Explorationsverhalten daran, dass Ihr Welpe mutiger Neues erkundet, Vieles beobachten möchte und alles, was sich bewegt oder neu ist, untersucht werden muss. Ermutigen Sie Ihren Welpen, falls er zunächst schüchtern auf neue Reize zugeht. Falls er sehr schüchtern oder ängstlich auf neue Reize reagiert, dürfen Sie ihn gerne zu sich holen und gemeinsam mit ihm die Situation mit etwas Sicherheitsabstand beobachten – das schafft Vertrauen!

Der „Sichere-Hafen-Effekt“

Der Hund gehört für viele Menschen zur Familie. Ähnlich, wie zu den eigenen Kindern, wird auch zum eigenen Vierbeiner eine innige Bindung aufgebaut. Dass die Beziehung zwischen Hund und Mensch einer Eltern-Kind-Beziehung ähnlich ist, zeigte in den 1990er Jahren erstmalig ein Team von Wissenschaftlern aus Budapest um Józef Topál und Ádám Miklósi (Ganslоßer & Kitchenham, 2019). Gerade in neuen oder scheinbar unsicheren Situationen suchen Hunde gerne

Für einen Welpen ist das Zuhause bis zur 14. Lebenswoche ein echter Wohlfühlort, der nur ungern verlassen wird. Foto: Sarah Mertes

die Nähe und den Schutz bei ihren Besitzern. Der Grund dafür ist vermutlich eine Art Abhängigkeitsverhältnis zwischen Hund und Mensch. Hunde sind auf unsere soziale Unterstützung und Versorgung mit Nahrung und Nähe angewiesen, ähnlich wie auch Kleinkinder es sind. Márta Gácsi, eine weitere Forscherin aus Budapest, untersuchte durch Messung der Herzschlagrate und -varianz, wie wichtig die soziale Unterstützung in stressigen Situationen durch den Besitzer wirklich ist. Dafür wurden 30 Hunde mit einer unangenehmen Person in einem fremden Raum konfrontiert. Insgesamt gab es zwei verschiedene Testgruppen. Gruppe eins begegnete der fremden Person zusammen mit ihrem Besitzer. In der zweiten Gruppe wurden die Hunde ohne Halter in der Konfrontation mit dem Fremden beobachtet. Im zweiten Durchlauf wurde getauscht und die Hunde aus der ersten Gruppe begegneten der fremden Person ohne Besitzer und die zweite Gruppe bekam den Besitzer zur Seite gestellt. In diesem Versuch konnte deutlich gezeigt werden, dass die Reaktion des Herzschlags weniger stark war, wenn der Hund im Beisein des Halters mit der fremden, bedrohlich wirkenden Person konfrontiert wurde. Ebenfalls interessant ist, dass die Herzschlagreaktion bei Hunden im

Egal warum Ihr Hund bei Ihnen Schutz sucht – geben Sie ihm den Schutz. *Foto: Lea Koslowski*

zweiten Durchlauf ohne Halter an der Seite geringer war, wenn sie im ersten Durchlauf ihren Halter als Unterstützer bei sich hatten. Im Vergleich konnte auch gezeigt werden, dass Hunde, die im ersten Durchlauf ohne Halter der fremden Person begegnet sind, auch im zweiten Durchlauf mit Halter mit einer stärkeren Herzschlagreaktion auf die fremde Situation reagierten. Diese Studie stellt somit ebenfalls einen Nachweis für den „Sicheren-Hafen-Effekt" des Halters für den Hund dar. Leider wird in vielen Wesenstest für die Zuchtzulassung dieser „Sichere-Hafen-Effekt" nicht oder wenig berücksichtigt. Hunde sollen laut Regelwerk in vielen Prüfungen am besten keine Trennungsreaktion zeigen, wenn der Hund vom Halter angebunden und alleingelassen wird. Gruseligen Reizen, wie dem „betrunkenen Mann" oder einem klappernden Fahrrad, sollen sie möglichst gelassen und furchtlos begegnen.

Ist eine exklusive Bindung zwischen Bezugsperson und Hund gut oder schlecht?

Um diese Frage beantworten zu können ist es wichtig zu verstehen, was eine exklusive Bindung zum eigenen Hund bedeuten würde. Exklusiv bedeutet, dass nichts und niemand Sie als Bindungspartner ersetzen kann. Im Falle eines Krankenhausaufenthalts, eines Todesfalls oder auch einer Scheidung vom bevorzugten Bindungspartner stellt dies für den Hund eine starke psychische Belastung dar. Es ist demnach erstrebenswerter, eine qualitativ hochwertige, durch vielfältige Verhaltensweisen und mit möglichst vielen Vorteilen behaftete Beziehung zu seinem Hund auszubilden. Ihr Hund kann so auch Beziehungen zu weiteren Menschen in Ihrem Umfeld aufbauen und im Fall der Fälle auch dort Stabilität finden.

Wie der Herr, so das Gescherr – oder?

Dieser Spruch scheint sich nicht nur auf die Äußerlichkeiten zwischen Hund und Halter zu beziehen, sondern auch auf die Persönlichkeit. Durch einen Vergleich der Persönlichkeit des Hundes mit der vom Halter beschriebenen Mensch-Hund-Beziehung wollten Meyer und Forkmann (Meyer and Forkman, 2014) von der Universität Kopenhagen herausfinden, welche Merkmale einen Einfluss auf die Qualität der Mensch-Hund-Beziehung haben. Mithilfe des MDORS („Monash Dog Owner Relationship Scale") und eines Persönlichkeitstestes konnten sie zeigen, dass es tatsächlich eine signifikante Verbindung zwischen Halterpersönlichkeit und der Punktzahl des MDORS gibt, jedoch die Persönlichkeit des Hundes nicht mit der Beziehungsqualität korrelierte. Der einzige Persönlichkeitsparameter des

Genau wie die Angst, kann auch Freude ansteckend sein.

Foto: Selina Winkler

Hundes, welcher Einfluss auf die Beziehung zu haben scheint, war die „Ängstlichkeit des Hundes". So beschrieben Halter, deren Hunde ängstlich-aggressiv auf soziale Stimuli reagierten, die Beziehung zu ihrem Hund emotional enger, als Halter von Hunden, die offen und freundlich in einer solchen Situation reagierten. Den Grund dafür vermuten die Forscher darin, dass ängstliche Hunde meist anhänglicher sind und vermehrten Körper- und Blickkontakt zu ihrem Halter zeigen, wodurch wiederum beim Menschen vermehrt das Bindungshormon Oxytocin ausgeschüttet wird und für ein Gefühl von Verbundenheit sorgt (siehe Gansloßer & Kitchenham, 2019). Weitere Studien der Wissenschaftlerin Iris Schöberl, die sich mit dem Einfluss der Persönlichkeit des Menschen auf die des Hundes befassen, konnten zeigen, dass gerade Menschen mit hohen Werten in Neurotizismus (Ängstlichkeit, Launenhaftigkeit, Nervosität) Hunde besaßen, die in aufregenden Situationen variabel mit ihrem Stresssystem reagierten und dadurch in der Lage waren, sich schnell an ein Verhalten anzupassen. Weiter konnte gezeigt werden, dass Hunde von Haltern, die hohe Werte in sozialer Verträglichkeit erzielten, ebenfalls Hunde besaßen, die auf komische Situationen gelassen reagierten, was die Vermutung unterstützt, dass die Stimmung des Besitzers auf die des Hundes abfärben kann.

Beziehungsformen – Anführer, Freund oder Gefährte?

Anführer-Gefolgschaftsbeziehung

Bei einer Anführer-Gefolgschaftsbeziehung gibt es, wie der Name bereits verrät, einen Anführer (Leittier) und eine Gefolgschaft (soziale Gruppe, die dem Anführer folgt). Dabei folgt die soziale Gruppe dem Anführer freiwillig und sucht aktiv seine Nähe. Umgekehrt gibt der Anführer zwar die Richtung an und bestimmt über Aktivitätswechsel, ist jedoch weniger an die Gruppe gebunden. Leittiere werden meist die Tiere, die durch Wissen, Erfahrung, Ruhe und Entscheidungskraft die Gruppe führen können.

Dominanzbeziehung

Dominanz ist anders als vermutet keine Eigenschaft, die ein Individuum mit sich bringt, sondern ein Beziehungsmerkmal (siehe Gansloßer & Kitchenham, 2015). Dabei dient die Dominanzbeziehung dem Zweck, Konflikte zu vermeiden, indem dem Zugang zu Ressourcen und der Lösung von Interessenskonflikten, Vorrecht eingeräumt wird. Eine Dominanzbeziehung kann dabei nur entstehen, wenn sich von zwei Hunden einer freiwillig vom anderen kontrollieren lässt. Es gibt zwei Arten von Dominanz: die formale Dominanz, die eine langfristige Beziehung zwischen zwei Individuen abbildet, und die situative Dominanz, die in erster Linie dazu dient, Konflikte schnell zu lösen (siehe Gansloßer, 2020). Der Rangtiefere trägt eine primär aktive Leistung zur Dominanzbeziehung bei, indem er dem Dominanten freiwillig ungehinderten Zutritt zu Ressourcen ermöglicht und ihm gestattet, seine Interessen zu verfolgen. Hier können wir den leider noch weit verbreiteten Alphawurf-Mythos widerlegen. Denn ein plötzliches Niederdrücken mit vollem Körpereinsatz geschieht niemals auf freiwilliger Basis des Rangniedrigeren und ist daher kein Merkmal von Dominanz. Der Ranghohe kann nur kontrollieren, wenn Rangprivilegien existieren!

Affektaggression wird häufig mit Dominanz verwechselt, obwohl Hunde, die eine solche Form der Aggression zeigen, zumeist eher unsicher und emotional instabil sind, demnach nicht die Souveränität einer ranghohen Position besitzen. Wer, welchen Rang erwirbt, ergibt sich meist aus der Vorgeschichte der Individuen sowie aus dem vorgelebten Verhalten in der Gruppe, Erfahrungen und Persönlichkeit.

Die Frage, ob ein Hund gegenüber seinen Menschen dominant sein kann, lässt sich mit „extrem selten“ beantworten. Die meisten Diskussionen zwischen Hund und Mensch liegen einer anderen Ursache zugrunde. Sie entstehen

Für eine Dominanzbeziehung muss sich ein Hund freiwillig dominieren lassen!

Foto: Lea Koslowski

Hunde orientieren sich an ihrem Menschen, deshalb haben wir für sie auch eine Vorbildfunktion. Foto: Sarah Mertes

aufgrund von fehlinterpretierten Signalen im Zusammenleben und der Glaubwürdigkeit der Anführer-Gefolgschafts-Beziehung auf Seiten des Menschen.

Orientierungs- und Nachahmungsverhalten an der Bindungsperson

Auch wenn nicht jede Stimmung gleich übertragen wird, orientieren sich Hunde an ihrer Bezugsperson in Konfliktsituationen. Vielleicht ist Ihnen schon mal aufgefallen, dass Ihr Hund Ihnen einen fragenden Blick zugeworfen hat, wenn Ihnen ein anderer Hund entgegenkam oder Ihr Hund plötzlich zu bellen begann, nachdem Sie sich in einer bedrohlichen Situation unwohl gefühlt haben. Diesen Effekt beschreibt das Social Referencing („Soziale Rückversicherung“). Soziale Tiere orientieren sich in einer ungewohnten Situation an einem erfahrenen Beziehungspartner.

So lernen gerade junge Individuen, angebrachter zu reagieren und vermeiden Risiken, die z.B. aus einer Lernerfahrung des Versuchs und Irrtums entstehen können. Das Bewusstsein, dass wir für unseren Hund eine Art Vorbildfunktion haben, ist gerade in der Phase der Sozialisierung eines jungen Hundes überaus wichtig. So wie unser Hund in dieser Phase lernt, seine Umwelt wahrzunehmen, so wird er auch zukünftig auf sie reagieren. Versuche an Hunden und Wölfen zeigen deutlich, dass der Hund sich im Gegensatz zum Wolf in neuen oder unsicheren Situationen bei seinem Menschen über einen Blickkontakt rückversichert. Handaufgezogene Wölfe zeigen dieses Verhalten nicht, sondern suchen nach einer eigenen Lösung und geben ggf. auf, sobald sie nicht weiterkommen. Diese Fähigkeit der sozialen Rückversicherung ist ein wichtiger Bestandteil für die Erziehung und das ggf. spätere Training mit unseren Hunden (siehe Gansloßer und Kitchenham, 2019).

Fallbeispiel Leinen-Rambo: Schäferhund Johnny

Auf einem Spaziergang mit Johnny hält man Ausschau. Ausschau nach anderen Hunden, die dem angeleinten Johnny und seiner Halterin ins Auge stechen. Wenn es dann plötzlich so weit ist und ein anderer Hund ist in Sichtweite, erhöht sich sofort der Herzschlag der jungen Hundebesitzerin. In voller Alarmbereitschaft verstärkt sie den Griff an der Leine. Es vergeht keine Sekunde und der junge Schäferhund springt mit seinen knapp 40 kg mit lautem Gebell in die Richtung des entgegenkommenden Hundes.

Was ist passiert?

Johnny und seine Besitzerin erleben diese Situation nicht zum ersten Mal. Das Ziehen an der Leine ist für Johnny ein Start-Signal, was ihm zu verstehen gibt, dass jetzt eine bedrohliche Situation folgt: Der Kontakt mit anderen Hunden! Johnny zeigt dieses Verhalten nicht von Anfang an. Es gab mehrere Situationen, als Johnny gerade bei der jungen Hundebesitzerin eingezogen war, in denen Johnny noch nicht wusste, wie er auf andere Hunde reagieren sollte.
Da Johnnys Hundehalterin, durch viele Erzählungen von Beißereien und anderen Hundebegegnungen etwas unsicher und ängstlich war, wenn ihnen Hunde begegneten, lernte Johnny sehr früh, dieses Verhalten zu übernehmen. Er lernte, dass die Situation durch Bellen schnell vorüberging, da andere Hundehalter die Straßenseite wechselten und Johnnys Hundehalterin die Leine auch erst nach der Hundebegegnung wieder lockerte. So lernte Johnny, durch die soziale Rückversicherung und Spiegelung des Verhaltens seiner Bezugsperson mit hoher Erregung auf andere Hunde zu reagieren.

Praxisübung für erwachsene Mensch-Hund-Teams (mehr Übungen in „Schlau macht Wau“)

Vorbereitung:
Nehmen Sie einen für Ihren Hund unbekannten Gegenstand in die Hand, der keinerlei Bedeutung für ihn hat.

Variante 1:
- Legen Sie den unbekannten Gegenstand auf den Boden. Binden Sie Ihren Hund mit einigen Metern Entfernung vom Gegenstand fest oder lassen Sie ihn von einer Hilfsperson festhalten.
- Jetzt nähern Sie sich dem unbekannten Gegenstand und beginnen mit Begeisterung sich damit zu beschäftigen. Werfen Sie den Gegenstand in die Luft, riechen Sie intensiv an ihm und bewegen Sie den Gegenstand auf dem Boden mit einer gespielten Freude hin und her.
- Wichtig ist, dass Sie Spaß und Freude während der Beschäftigung mit dem Gegenstand verkörpern.
- Nach 2–3 Minuten gehen Sie zurück zu Ihrem Hund und leinen ihn ab.
- Wie reagiert Ihr Hund auf den Gegenstand?

Variante 2:
- Legen Sie den unbekannten Gegenstand auf den Boden. Binden Sie Ihren Hund mit einigen Metern Entfernung vom Gegenstand fest oder lassen Sie ihn von einer Hilfsperson festhalten.
- Jetzt nähern Sie sich dem unbekannten Gegenstand und beginnen, sich fürchterlich zu erschrecken, wenn Sie den Gegenstand berühren. Dann nähern Sie sich erneut langsam dem Gegenstand, erschrecken aber immer wieder, wenn Sie ihn berühren und drücken mit Ihrer gesamten Körperhaltung aus, dass Sie sich fürchten.
- Nach 2–3 Minuten gehen Sie zurück zu Ihrem Hund und leinen ihn ab.
- Nähert sich Ihr Hund dem Gegenstand? Wenn ja, wie verläuft die Annäherung?

Bedeutung für den Alltag:
Diese Praxisübung zeigt, wie sich die Stimmung von Mensch auf Hund übertragen kann. Reagieren Sie begeistert, wird Ihr Hund in den meisten Fällen ebenfalls neugierig und proaktiv in der Situation reagieren. Zeigen Sie ein eher ängstliches oder unsicheres Verhalten oder erschrecken sich sogar, wird Ihr Hund sich dieser Stimmung anpassen. Im Alltag und Training, können Sie dieses Wissen wunderbar nutzen, um Ihren Hund in die entsprechende Stimmung zu bringen. Wie sähe beispielsweise eine Hundebegegnung aus, wenn Sie vollkommen entspannt bleiben würden? Wie reagiert Ihr Hund auf ein Hindernis, wenn Sie es vorher neugierig erkunden?

Tipps für den Aufbau einer guten Mensch-Hund-Beziehung

Spätestens jetzt sollte uns bewusst werden, wie wichtig die Beziehung zum eigenem Hund ist und welchen Einfluss sie auf unser Zusammenleben hat.
Um zu Ihrem Hund eine qualitativ gute Beziehung aufzubauen, müssen Sie weder ihren Job kündigen noch täglich drei Stunden mit ihm spazieren gehen. Weniger ist mehr und Abwechslung vor Langweile sind hierbei der Schlüssel. Im Folgenden zeigen wir Ihnen Wege auf, wie Sie Ihre Beziehung zu Ihrem Hund stärken können.

Spannende Spaziergänge

Ein Spaziergang mit Ihrem Hund sollte qualitativ und quantitativ hochwertig sein. Das bedeutet, dass eine Runde um den immer gleichen Block, nicht die Regel, sondern eher die Ausnahme darstellen sollte (als Ausnahme gelten hier Hunde im Seniorenalter und echte ADHS-Hunde). Gestalten Sie den Spaziergang für Ihren Hund abwechslungsreich und spannend, indem Sie beispielsweise eine gute Mischung aus Schnüffelpausen, aktivem gemeinsamem Spiel, Training und Laufphasen einplanen.

Routinen und Regeln

Ihr Hund sollte Sie als verlässlichen Partner wahrnehmen. Das gelingt Ihnen, indem Sie Regeln und Routinen aufstellen und auch einhalten. Eine grobe Tagesstruktur gibt Ihnen und Ihrem Hund ein Gefühl von Sicherheit und sorgt dafür, dass die Fütterung, ein abwechslungsreicher Spaziergang, das Training und Zeit für gemeinsames Kuscheln und Spielen nicht zu kurz kommen.

Gemeinsam Spielen

Abwechslungsreiche Spiele gemeinsam mit Ihrem Hund sollten immer wieder in Ihren Alltag integriert werden. Dabei geht es nicht um die Dauer, sondern um die Stimmung, mit der Sie Zeit mit Ihrem Hund verbringen. Das Spiel kann ganz ohne ein Spielzeug und nur mit körperlichen Gesten stattfinden. Auch ein Tauziehen mit einem Zergel stellt eine großartige Möglichkeit dar, mit Ihrem Hund zu spielen. Bedenken Sie immer, dass auch Ihr Hund ab und an gewinnen muss, damit es ihm Spaß macht.
Übrigens sollte Ballwerfen eher die Ausnahme als die Regel für Ihr gemeinsames Spiel mit Ihrem Hund darstellen! Für Hunde und Menschen, die gerne rennen, eignen sich Verfolgungsspiele. Diese Spiele lassen sich auslösen, indem Sie sich leicht gebückt vor Ihren Hund stellen und dann lachend auf ihn zu und von ihm wegspringen. Oder Sie schleichen sich mit viel Körperspannung an Ihren Hund heran und legen einige ruckartige Stopps ein, um dann plötzliche umzudrehen und davonzulaufen.

Wenn Ihr Hund darauf in das Spiel einsteigt, können Sie das Tempo etwas verlangsamen und in kleinen Bögen vor ihm davonlaufen. Nach einer Weile drehen Sie den Spieß um und verfolgen Ihren Hund. Auch die Kombination mit einem Spielzeug z.B. einem Zergel ist bei diesem Spiel möglich. Lassen Sie dabei das Spielzeug während Ihrer Flucht plötzlich fallen, um den Rollenwechsel vom Gejagten zum Fangenden einzuleiten.

Sicherheit geben und trotzdem Freiraum gewähren

Auch wenn Ihr Hund mal unsicher oder ängstlich in einer Situation reagiert, sollten Sie ihn nicht im Regen stehen lassen. Seien Sie für Ihren Vierbeiner da und geben Sie ihm den Rückzug, den er in einer solchen Situation braucht. Gerade die Position zwischen den Beinen des Besitzers ist ein gern angenommener Rückzugsort für Hunde. Beachten Sie jedoch, dass Schutzgeben,

Jeder Hund sollte bei seiner Bezugsperson Schutz und Sicherheit finden, wenn er sie braucht.

Foto: Lea Koslowski

ganz ohne Bemitleidungen funktioniert. Traut Ihr Hund sich aus dem Rückzugsort, können Sie ihn durch verbales motivierendes Loben unterstützen. So geben Sie Ihrem Hund eine sichere Basis, durch die er geschützt Neues erkunden kann.

Praxisbeispiel: Die Welpengruppe

In der Welpenstunde trifft Ihr Hund meist das erste Mal auf Hunde, die nicht seine eigenen Geschwister sind und manchmal sogar auch anders als diese aussehen. Unbekannte Menschen, Hunde, neue Gerüche, Geräusche und andere für Ihren Welpen neue Eindrücke, können am Anfang ganz schön gruselig sein. Als Bezugsperson ist es jetzt Ihre Aufgabe, Ihrem Hund beizustehen, wenn er Sie braucht! Das kann beispielsweise so aussehen, dass Sie ihm Schutz vor anderen Hunden bieten, wenn er diesen bei Ihnen sucht. In diesem Fall können Sie Ihren Hund von anderen Welpen mit Ihren Beinen abschirmen und gegebenenfalls zu aufdringliche Welpen mit den Händen wegschieben. Wichtig ist, Ihrem kleinen Freund zwar Schutz zu geben, ihn aber auch zu ermuntern, wenn er sich wieder selbst ins Geschehen traut, ohne ihn dabei zu bemitleiden. Auch in anderen neuen, vermeintlich gruseligen Situationen dürfen Sie für Ihren Hund da sein, ihm emotionalen Beistand geben und ermutigen, Neues zu erkunden.

Kuscheln und Körperpflege

Kuschel, Streicheln oder auch Körperpflege stellen schöne Rituale zwischen Beziehungspartnern dar. Die gemeinsame Zeit abends auf dem Sofa darf und kann natürlich so genutzt werden.

Foto: Sarah Mertes

Machen Sie es besser!

Trainer-Mythos	Problem	Mach es besser!
Den Hund mittels „Alphawurf“ oder „Nackenschüttler“ betrafen, um ihm zu zeigen, wer das Leittier ist.	Packen und Schütteln sind Teile des Jagdverhaltens und versetzen besonders Welpen in Todesangst und gefährden ihre Gesundheit. Status und Rang haben nur wenig mit körperlicher Überlegenheit zu tun.	Klare Regeln und Routinen, geben Ihrem Hund Sicherheit. Sie werden zum verlässlichen Bindungspartner, an dem sich Ihr Hund gerne orientiert. Eine deutliche Ansage mittels eines Abbruchsignals ist unter Caniden üblich und richtig angewandt auch in der Mensch-Hund-Beziehung zielführend.
Den Hund nicht vorlaufen lassen, sonst wird er dominant.	Der Hund wird in seinen Erfahrungsmöglichkeiten eingeschränkt. Dies kann zu Unsicherheiten und Ängsten führen.	Innerhalb von Hunde- oder Wolfsgruppen gibt es keine feste Rollenverteilung, wer an der Spitze laufen darf. Es kann vorkommen, dass ein junger, energiegeladener Wolf den Weg für die anderen frei macht, was in einigen Fällen von Vorteil sein kann. Letztendlich ist es jedoch die Aufgabe der Leittiere, die Entscheidungen darüber zu treffen, in welche Richtung die Gruppe als nächstes gehen wird.
Kontaktaufnahmen seitens des Hundes müssen ignoriert werden.	Ihr Hund wird nach und nach aufhören, Ihre Nähe zu suchen und auch weniger aufmerksam sein.	Nehmen Sie die Kontaktaufnahme Ihres Hundes wahr. Sie müssen nicht jedes Mal darauf eingehen, jedoch kann Ihr Hund so lernen, sich Ihnen mitzuteilen, wenn er etwas möchte. Diese Form der Kommunikation beruht auf gegenseitigem Vertrauen und stärkt die Bindung zu Ihrem Hund.

Zeigen Sie Ihrem Hund, wer der Chef ist, indem Sie ihn dazu bringen aufzustehen, wenn er im Weg liegt.	Die meisten Hunde legen sich nicht bewusst oder absichtlich in den Weg. Wenn Sie ihn jedes Mal wecken, stört das seinen Schlaf und nimmt ihm wertvolle Erholungszeit.	Lassen Sie Ihren Hund schlafen und steigen Sie ggf. über ihn drüber, sofern er nicht zu schreckhaftem Verhalten neigt. Alternativ können Sie Ihrem Hund tolle Liegeplätze anbieten, an denen er nicht gestört wird.
Hunde dürfen nicht auf dem Sofa oder Ihrem Bett schlafen, da sie sonst zum Chef werden.	Aggressionsprobleme entstehen selten dadurch, dass ein Hund im Bett seines Halters schläft oder das Sofa dem Hundekörbchen vorzieht. Besonders unsicheren Hunden hilft die Nähe zu ihren Haltern zur Erlangung emotionaler Stabilität.	Hunde fühlen sich besonders nachts viel sicherer, wenn sie in der Nähe ihres Halters schlafen können. Sollten Sie aus hygienischen oder persönlichen Gründen darauf verzichten wollen, empfiehlt es sich, während der Eingewöhnungszeit Ihres Hundes, die ersten Nächte dort zu schlafen, wo Ihr Hund zukünftig alleine schlafen soll.
Handfütterung sorgt für eine feste Bindung.	Der Funktionskreis „Jagd“ steht nicht im Zusammenhang mit dem Sozialverhalten. Reine Handfütterung erzeugt Stress und kann besonders bei Junghunden zu späterer Futteraggression führen.	Stärken Sie die Bindung zu Ihrem Hund durch gemeinsame Erfolgserlebnisse und zeigen Sie sich verlässlich. Seien Sie ihm als zuverlässiger Bindungspartner ein sicherer Hafen.
Welpen, die sich nicht weit von zuhause entfernen wollen, zeigen erstes Territorialverhalten.	Bis zur vierzehnten bis fünfzehnten Woche leben Caniden-Welpen auf dem Rendezvousplatz. Dies ist ein geschützter Ort, an dem die Welpen alles bekommen, was sie zum Überleben brauchen.	Möchte Ihr Welpe (<15 Wochen alt) sich nicht weit von zuhause entfernen, ist dies völlig normal. Geben Sie Ihrem Welpen Zeit, sein neues Zuhause und die für ihn wichtigen Bezugspersonen kennenzulernen. Der Drang, die neue Umgebung zu erkunden,

	In dieser Zeit ist es für die Welpen leicht, sich an neue Menschen zu gewöhnen, da der Ort ihnen genügend Sicherheit bietet. Diese Verhaltenseigenschaft nennt sich Ortsbindung.	kommt mit etwa vierzehn bis fünfzehn Wochen ganz von selbst.
Sie müssen Ihrem Hund jederzeit das Essen wieder wegnehmen können, um die ranghohe Position des Menschen klarzustellen.	Hunde, die beim Fressen gestört werden, können futterverteidigungsbereit reagieren.	Ein entsprechendes Kommando z.B. „Aus“ oder „Gib's mir“, sollte bereits im Welpenalter trainiert werden. Die tägliche Fütterung muss aber in Ruhe und ohne Störung stattfinden. Wir essen ja auch am liebsten, ohne dass uns jemand was vom Teller klaut.

Reine Handfütterung kann bei Welpen und Junghunden zu Futteraggression führen.

Foto: © Christian Müller/stock.adobe.com

5. Lernen abseits von Laborrattendressurversuchen

Foto: Sarah Mertes

Das vorherige Kapitel hat uns gezeigt, wie wir durch eine gefestigte Beziehung zu unserem Hund die Grundlage für ein harmonisches Zusammenleben erreichen können. Für ein glückliches Hundeleben ist es jedoch auch wichtig, dass unser Hund lernt, sich in der Menschenwelt zurechtzufinden und bestimmte Regeln einzuhalten. Wie lernt aber ein Hund überhaupt und wann sollte man mit dem eigentlichen Training beginnen?

Zieht ein Hund neu in eine Familie ein, kommt schnell die Frage auf, wann man mit der Erziehung des Kleinen beginnen sollte. Leider zeigt uns die Erfahrung, dass viele Hundehalter und auch manche Hundetrainer gar nicht genau wissen, was der Unterschied zwischen Erziehung und Training ist. Erziehung und Training ist doch dasselbe, oder?

Im Gegensatz zu Sitz, Platz und anderen Kommandos aus dem Hundetraining, beginnt Erziehung bereits ab zirka der fünften Lebenswoche beim Züchter. Erziehung ist ein Teil der Sozialisierung, wo ein Lebewesen wichtige Regeln und Leitlinien für sein Überleben lernt. Hunde beginnen gleich nach der Geburt, meist im Umfeld des Züchters, sich an Gerüche und Geräusche ihres zukünftigen Lebens an der Seite von Menschen zu gewöhnen. Oft können wir einen großen Entwicklungsunterschied feststellen, wenn bereits beim Züchter mit ersten Übungen zur Sozialisierung begonnen wird. Neben dem Pseudoartgenossen Mensch, lernt der Hund auch andere Artgenossen in seinem engeren Umfeld kennen und einzuschätzen. Im Laufe der Zeit befindet sich der Hund meistens schon an der Seite seines neuen Halters und lernt, weitere soziale Kompetenzen kennen.

Wie schaffe ich es als frischgebackener Hundehalter, meinen Hund zu erziehen?

Eine solide Beziehung oder sogar Bindung zu seinem Hund zeigt den Unterschied zwischen einem gut erzogenen und einem gehorsamen Hund. Wichtig bei der Erziehung Ihres Hundes ist das Bewusstsein, dass es einen Unterschied zwischen gehorsam und wohlerzogen gibt. Der gehorsame Hund ist von seinem Menschen so „abgerichtet" worden, dass er auf jeden Befehl gehorcht, zeigt jedoch meist keine freiwilligen Annäherungsversuche oder Spielaufforderungen zu ihm. Ein wohlerzogener Hund hingegen zeigt freiwillig Annäherungsversuche und kann erkennen, wann sein Mensch die Nähe ebenfalls braucht und wann er ihn lieber in Ruhe lassen sollte. Hier geht es um Sozialkompetenz, die der Hund während seiner Erziehung und dem Aufbau der Beziehung durch seinen Halter erlernt hat. Die

Der Gehorsam von Hunden sagt nichts über seine Erziehung aus.

Foto: © Karoline Thalhofer/stock.adobe.com

soziale Kompetenz von Hunden so zu schulen, ist nur in dem Bewusstsein möglich, dass sich die Erziehung eines Hundes komplett von einem behavioristisch ausgerichteten Gehorsamkeitstraining, wie z.B. dem Lernen von Kommandos durch Versuch und Irrtum, unterscheidet. Zu nennen sind hier vor allem die sozialen und kognitiven Fähigkeiten des Hundes, wie Beobachtungsfähigkeiten, die Fähigkeit Interaktionen von Dritten einzuschätzen, soziales Lernen und das Verstehen von Zeigegesten. Diese Fähigkeiten zu verstehen und sie bei der Erziehung seines Hundes anzuwenden, sind die Voraussetzung für einen gut erzogenen Hund an Ihrer Seite.

Prägung

Der Prägungsbegriff entstand ursprünglich bei der Forschung an von Hand aufgezogenen Vögeln. Allen bekannt sind die „Lorenzschen Graugänse", die als besonderes Modell für die Prägungsforschung herhalten mussten. Jedoch zeigt sich mittlerweile, dass Prägungsprozesse nicht nur auf Vögel beschränkt sind. Auch bei Säugetieren, speziell gerade auch bei Raubtierartigen, sind Prägungsvorgänge immer wieder beschrieben worden. Müßig ist mittlerweile die Diskussion, ob es bei Hunden auch Prägung oder nur „prägungsähnliche Vorgänge" gibt. Sobald man sich mit einem modernen, zeitgenössischen Prägungskonzept wappnet, sind diese Unterschiede zu vernachlässigen. Prägung wird heute als ein Prozess gesehen, der in einer sogenannten sensiblen Phase erleichtert stattfindet, die Lernbereitschaft ist also in einem bestimmten Lebensabschnitt besonders groß. Die dort gemachten Erfahrungen werden dann sehr nachhaltig abgespeichert und können über einen langen Zeitraum, bisweilen sogar lebenslang, abgerufen werden.

Prägungsvorgänge sind zwar sehr nachhaltig und dauerhaft, aber keineswegs unumkehrbar, es kann auch in anderen Zeitabschnitten im betreffenden Verhaltensbereich durchaus etwas

Neues gelernt oder auch das schon Gelernte modifiziert werden.

Eine früher sehr wichtige, heute aber nicht mehr so dramatische Eigenschaft der Prägungsprozesse ist, dass das Lernen dieser Phänomene zunächst belohnungsfrei erfolgt. Wir wissen mittlerweile, dass Beobachtungslernen bei Hunden einen großen Teil ihres sozialen Lernvermögens ausmacht, was jedoch erst in den letzten Jahren durch einschlägige Untersuchungen bestätigt wurde. Zu der Zeit, in der die Prägungsforschung erstmals Fahrt aufnahm, war dagegen das Konditionierungslernen der behavioristischen Psychologie noch das A und O der Lernforschung. Und da war das belohnungsfreie Beobachtungslernen durch einen Prägungsprozess durchaus etwas Besonderes. Ebenfalls durch neuere Erkenntnisse belegt wurde eine weitere Eigenschaft des Prägungslernens, nämlich die Existenz von arteigenen Schablonen. Bereits Konrad Lorenz sprach in diesem Zusammenhang von den angeborenen Lehrmeistern, der Begriff Schablone (Template) beschreibt vielleicht noch besser und wertfreier, was hier passiert. Spielt man nämlich einem jungen, noch ungeprägten Singvogel den der eigenen Art und den Gesang einer fremden, nahe verwandten vom Tonband vor, so bevorzugen die Vögel als Vorbild den arteigenen Gesang, offensichtlich aufgrund ihrer eingebauten Entscheidungsschablone. Auch hier zum Hund: Wenn ein sieben oder acht Wochen alter Hundewelpe in einem Raum die Alternative hat, sich mit einem fremden Menschen oder einem fremden Hund zu beschäftigen, wählt er den fremden Menschen als attraktiveres Lebewesen. Ein von Hand aufgezogener, eigentlich total auf seine Betreuungsperson geprägter Wolfswelpe im gleichen Alter wählt dagegen den Vierbeiner, den unbekannten Hund. Auch hier ein deutliches Zeichen für Schablonenbildung. Im Wesentlichen werden vier Verhaltensbereiche durch Prägungslernen beeinflusst:

Das Artgenossenlernen, das bereits in früher Jugend bzw. Kindheit festlegt, mit wem man den Rest seines Lebens soziale Beziehungen aufbauen möchte. Hier ist, wie wir mehrfach besprochen haben, die doppelte Artgenossenidentität des Hundes von besonderer Wichtigkeit. Der Mensch ist eben neben dem Vierbeiner ein mindestens ebenso attraktiver Sozialpartner für kleine Hunde.
Die sexuelle Prägung dagegen findet sehr viel später statt. Bei den meisten Säugetieren, die daraufhin untersucht wurden, im Zeitraum der Pubertät. Erste Schilderungen von einschlägigen Erfahrungen mit Junghunden lassen vermuten, dass dies ebenfalls in diesem Zeitraum passiert. Die Prägung wird hier durch Spielverhalten mit den Kumpanen

(Geschlecht ist erst einmal egal) vollzogen.

Die Nahrungsprägung, die bei Hunden bereits im Mutterleib beginnt und auch über die Muttermilch fortgesetzt wird, gibt Hunden dann vor, was sie ihr Leben lang besonders gerne fressen. Mit diesem Phänomen werden häufig gerade auch Menschen konfrontiert, die einen Hund aus dem sogenannten Auslandstierschutz bei sich aufnehmen und dann völlig erstaunt sind, dass dieser vorzugsweisen Dinge frisst, die auch in seinem ursprünglichen Herkunftsort, zum Beispiel als Nahrungsabfälle, besonders häufig sind. Ein gesamter Komplex von Lernprozessen ist dann das, was man als Umweltprägung bezeichnet. Hierzu gehören beispielsweise Gerüche, Geräusche oder auch dreidimensionale Strukturen der Umgebung. Von besonderer Wichtigkeit, nach dem Motto „gut gemeint, ist nicht immer gut gemacht", ist in dieser Situation der Umgang von Welpen und Junghunden mit der 3. Dimension. Hunde, die aus falsch verstandener Besorgnis um die angebliche Gesundheit ihres Gelenk- und Bewegungsapparates in den ersten Lebensmonaten keine Treppen steigen, nicht ins Auto ein- oder aussteigen, oder sonst wie die 3. Dimension aktiv bewältigen dürfen, haben nämlich später einen Defekt im Sehvermögen. Nur wer sich auch aktiv in der 3. Dimension bewegen darf, verknüpft die Nervenzellen und Nervenschichten in der Sehrinde des Großhirns so, dass er später auch dreidimensional – räumlich sehen kann (Gansloßer und Kitchenham, 2015).

Beobachtung- und Nachahmungsfähigkeit

Vielleicht kennen Sie die Szene aus König der Löwen, in der Mufasa dem kleinen Simba zeigt, wie er sich bei der Jagd anzupirschen hat. Eventuell haben Sie aber auch schon Mal beobachtet, wie ein Junghund einem älteren Hund nachgeeifert ist und plötzlich ähnliche Verhaltensweisen zeigte, wie sein „Vorbild". Diese Form des Lernens nennt sich soziales Lernen oder „Social Learning".
Wir finden soziales Lernen häufig im Bereich des Nahrungserwerbs, jedoch lassen auch Beobachtungen in Zoos vermuten, dass jüngere Primaten durch das Beobachten der Mutter-Kind-Interaktion erfahrender Mütter lernen und für ihren eigenen Nachwuchs anwenden (Gansloßer, 2020). Auch Hunde sind in der Lage, durch das Beobachten von uns Menschen zu lernen. Hunde sind Meister darin, unser Verhalten zu beobachten. So können sie durch vielfaches Beobachten unseres Verhaltens beispielsweise lernen, Türen, Schränke oder Schubladen zu öffnen. Auch Claudia Fugazza brachte eine ähnliche Erfahrung mit ihrer Hündin auf

Die Großen zeigen den Kleinen die Welt.

Foto: Selina Winkler

die Idee, in diesem Bereich zu forschen. Ihre Hündin lernte anhand der täglichen Beobachtung ihres Menschen, wie sie einen Wasserhahn zum Laufen bringen konnte, um daraus dann zu trinken (Fugazza, 2014). Das Budapester Forscherteam rund um Ádám Miklósi und Claudia Fugazza untersuchte daraufhin die Fähigkeit von Hunden, anhand von Beobachtungen des Menschen zu lernen. Sie zeigten, dass Hunde nicht nur in der Lage sind, das Verhalten des Menschen nachzuahmen, sondern dass sie es auch Stunden später (einige sogar länger als einen Tag) erneut demonstrieren können. So wird davon ausgegangen, dass Hunde nicht nur ein episodisches Gedächtnis aufweisen, also die Fähigkeit besitzen, sich bereits erlebte Alltagserinnerungen und Bilder erneut ins Gedächtnis zu rufen, sondern dass sie auch auf einen Vorratsdatenspeicher zurückgreifen können, wo Informationen von bereits erlebten Situationen abrufbar sind (vgl. Verhaltensbiologie für Hundetrainer).

Model-Rival-Konzept

Das Trainingskonzept „Modell Rivale" gehört ebenfalls zum Bereich des sozialen Lernens. Bei dieser Lernmethode nutzen wir die Freude der Hunde, ihrem Menschen zu gefallen. Beim „Modell Rivale" wird das zu lernende Verhalten von einem erfahrenden Hund (Modell) ausgeführt, während der andere unerfahrene Hund die Situation beobachtet (Rivale). Der Vorführer wird dabei von seiner Bezugsperson ausgiebig gelobt und belohnt, sodass beim beobachtenden Hund die Motivation erhöht wird, ebenfalls eine solche Aufmerksamkeit zu bekommen. Nach einer gewissen Beobachtungszeit wird das Verhalten dann vom unerfahrenen Hund abgefragt. In den meisten Fällen zeigt dieser das beobachtete Verhalten ohne zusätzliches Training. Von Vorteil ist bei diesem Trainingskonzept, wenn die beiden Hunde in einer guten Beziehung zueinander stehen oder der vorführende Hund, dem beobachtenden Hund sogar übergeordnet ist.

Der soziale Blick

Die Beobachtungsgabe unserer Hunde spielt auch beim sogenannten „sozialen Blick" eine Rolle. Hunde sind in der Lage, den Blickrichtungen von Menschen zu folgen. Sie wissen genau, wann sie nicht im Blickfeld ihres Menschen stehen. Eine Studie, die sich mit dem Futterklauen von Hunden beschäftigte, zeigte, dass Hunde sogar in der Lage sind wahrzunehmen, ob ein Mensch die Augen offen oder geschlossen hat. Nimmt der Hund wahr, dass sein Mensch ihn nicht „offensichtlich" sehen kann, ist die Bereitschaft zum Futterklauen höher, als wenn sein Mensch ihn beobachtet (Call et al., 2003).

Praxisübung: Guckst du noch? Oder gehört es mir? (Mehr dazu in „Wau macht schlau!“)

Vorbereitung:

- Für diese Übung sollte Ihr Hund eine Verweilposition (Sitz, Steh, Platz) und ein Tabuwort (Nein, Pfui o.Ä.) kennen.

Sie benötigen:

- Mensch, Hund, Futterschüssel, Futter, Stuhl

Durchführung:

Runde 1:

- Lassen Sie Ihren Hund mit zwei bis drei Meter Abstand zum Stuhl eine beliebige Verweilposition einnehmen.
- Füllen Sie einen Napf mit Futter und stellen Sie diesen zwischen Ihren Hund und den Stuhl, ehe Sie sich so auf den Stuhl setzen, dass Sie Ihrem Hund gegenüber sitzen.
- Verbieten Sie Ihrem Hund, mittels eines Tabuwortes, an das Futter dran-zugehen, und warten Sie zwei Minuten.
- Beobachten Sie was passiert.

Runde 2:

- Lassen Sie Ihren Hund in zwei bis drei Metern Abstand zum Stuhl eine beliebige Verweilposition einnehmen.
- Füllen Sie einen Napf mit Futter und stellen Sie diesen zwischen Ihren Hund und den Stuhl. Diesmal drehen Sie den Stuhl so, dass Sie mit Ihrem Rücken zu Hund und Futterschüssel sitzen.
- Verbieten Sie Ihrem Hund, mittels eines Tabuwortes, an das Futter heranzugehen, und warten Sie zwei Minuten.
- Beobachten Sie was passiert. Bleibt Ihr Hund sitzen?

Theorie des Geistes

Neben der Gabe, seinen Menschen zu beobachten, steht derzeit die Frage im Raum, ob Hunde sich auch situativ in ihren Menschen hineinversetzen können. Die „Theorie des Geistes“ fasst die kognitive Verarbeitung von Gefühlen, Bedürfnissen und Absichten Dritter zusammen. Ob Hunde in Ansätzen dazu in der Lage sind, Gefühle, Wahrnehmungen, Absichten, Wünsche, Begehren und Hoffnungen anderer in verbaler und

Hunde lernen am besten im alltäglichen Leben. Foto: © Karoline Thalhofer/stock.adobe.com

Mit einem Tauschritual lernen Hunde spielerisch Ressourcen abzugeben.

Foto: © JM Fotografie/stock.adobe.com

nicht verbaler Form zu erkennen, wird derzeit kontrovers diskutiert (siehe Gansloßer, 2020).

Einbringen in das soziale Netzwerk

Erziehung bedeutet immer, eigene Interessen zurückzustellen und sich in das Gefüge des sozialen Netzwerks einer Gruppe einzubringen. Dabei ist es wichtig, dass der Langzeitvorteil, der sich durch die Vorteile der Beziehung zum Menschen ergibt, vorhanden ist. Das bedeutet für Sie als Hundehalter, dass Sie zunächst an Ihrer Beziehung und Bindung zu Ihrem Hund arbeiten müssen. Zum Glück kann dieser Prozess des Beziehungsaufbaus auch parallel zur Erziehung ablaufen. Dabei sollten Sie beachten, dass Erziehung bei Welpen und Junghunden keine feste Uhrzeit besitzt. Das bedeutet, Ihr Hund lernt am besten die Regeln Ihres Alltags direkt in Ihrem Alltag kennen.

Die Frage nach dem Mein oder Dein

Vielleicht haben Sie schon mal versucht, Ihrem Welpen das Futter wegzunehmen, weil Sie irgendwo gelesen haben, dass jeder Mensch seinem Hund das Futter wegnehmen darf und der Hund dies einfach akzeptieren muss. Das Problem ist aber, dass bei Caniden, also auch unseren Haushunden, das „Besitzrecht“ gilt. Somit gehört eine Ressource demjenigen, der sie sich gerade genommen hat. Gerade in dieser Situation ist beim Training Vorsicht geboten. Für den Hundealltag ist es unabdinglich, dass Ihr Hund lernt, dass Sie ihm Dinge wegnehmen dürfen.

Was bedeutet das für die Erziehung Ihres Hundes?

Damit Ihr Hund eine Ressource freiwillig abgibt, muss er lernen, darauf zu vertrauen, dass ihm nichts weggenommen wird. Dazu bieten Sie Ihrem Hund einen Tauschgegenstand an, z.B. ein anderes Spielzeug oder ein Leckerli. Im Gegenzug dafür gibt er Ihnen seine Ressource. Wird dies einige Male geübt, kann auch ein Kommando, z.B. ein „Aus“, hinzugefügt werden. Am besten lernt Ihr Hund dieses Verhalten, wenn es spielerisch in den Alltag integriert wird.

Erziehung und Training funktionieren am besten dort, wo sie gebraucht werden – im Alltag

Wie weiter oben bereits erwähnt, empfiehlt es sich, verschiedene Signale, wie „Sitz“, „Platz“, „Aus“ oder „Bleib“, seinem Hund spielerisch beizubringen. Die Integration kleiner versteckter Trainingseinheiten in den Alltag, ist nicht nur für Sie als Halter praktisch umzusetzen, sondern hat den weiteren Vorteil, dass der sogenannte „Platzlerneffekt“ ausbleibt, bei dem der Hund auf dem Trainingsgelände zwar perfekten Gehorsam zeigt, aber es nicht in den Alltag mit verschiedenen Ablenkungsreizen übertragen kann. Wichtig ist es, dass zu Beginn die Ablenkungen von außen nicht zu groß sind und Ihr Hund ausgetobt (aber nicht erschöpft) und offen für Neues ist (Gansloßer und Kitchenham, 2015).

Nicht nur der spielerische Ansatz im Training hat Vorteile. Spielen unter Hunden oder auch mit seinem Menschen erleichtert das Lernen von Frustrationsbewältigung, Impulskontrolle und Kommunikationsfähigkeiten und verbessert somit die Sozialkompetenz Ihres Hundes (Gansloßer und Käufer, 2022). Daher ist es wichtig, eine gute Balance zwischen kleinen Trainingseinheiten und echtem Spiel (mehr dazu im Kapitel „Spielen“) im Alltag Ihres Hundes zu finden.

Gruselige Momente in der Menschenwelt

Neben dem Lernen von Regeln, gibt es in der Menschenwelt noch andere Dinge, an die sich Ihr kleiner Freund gewöhnen muss. Aktionen, die für Ihren Hund am Anfang fremd und unangenehm sind, können über Gewöhnungstraining und Konditionierung gezielt angegangen werden. Durch die gezielte klassische Konditionierung können Aktionen wie z.B. Bürsten, Ohren sauber machen oder die Körperkontrolle beim Tierarzt mit weniger Stress und Angst überwunden werden. Vielleicht haben Sie bereits von dem Begriff „Medical Training“ gehört. Zumeist findet man dieses besondere Training, bei dem es darum geht, Tiere auf die besonderen Situationen einer tierärztlichen Behandlung vorzubereiten, in Tierparks und zoologischen Gärten. Dabei wird einem Elefanten z.B. beigebracht, seinen schweren Fuß anzuheben, der Seelöwe dreht sich freiwillig auf den Rücken, um sich am Bauch untersuchen zu lassen usw. Bei dieser Art von Training wird die Untersuchungssituation mit einer Belohnung verknüpft und solange trainiert, bis die Tiere mit dem ausgeführten Verhalten positive Empfindungen verbinden.

Der Clicker kann im Medical Training als positive Verstärkung eingesetzt werden und kündigt die darauffolgende Belohnung an. In der Hundeszene spalten sich spätestens hier die absoluten Clickerfans von denen ab, die dieses Hilfsmittel verpönen. Doch hier macht ein Schwarz-Weiß-Denken unserer Meinung nach wenig Sinn. Untersuchungen an Zootieren zeigen durchaus, dass der Einsatz des Clickers z.B. bei der Blutabnahme und anderen, für die Tiere unangenehme Situationen, sehr hilfreich sein kann und die Untersuchung besser und stressreduzierter durchgeführt werden kann. Die Tiere müssen weder festgehalten, noch anderweitig fixiert werden und strecken teilweise sogar freiwillig eine Gliedmaße für die vermeintlich unangenehme Untersuchung dem Pfleger oder Tierarzt entgegen. Somit können selbst scheue Antilopen mit Hilfe des Clickers ohne Stress oder Gewaltmaßnahmen behandelt werden (Gansloßer und Kitchenham, 2015). Demnach ist der Einsatz des Clickers auch im Medial Training mit Hunden als empfehlenswert zu betrachten und sollte in jeder guten Hundeschule zum Grundprogramm gehören.

Operante Konditionierung

Die operante Konditionierung beruht darauf, dass ein Verhalten immer eine positive oder negative Konsequenz nach sich zieht. Soll ein Verhalten öfter gezeigt werden, wird es belohnt oder eine unangenehme Konsequenz hört auf, sobald das Verhalten sich geändert hat. Soll ein Verhalten nicht gezeigt werden, wird es durch das Hinzufügen einer Bestrafung oder dem Weglassen einer Belohnung beantwortet.

Im Gegensatz zur Klassischen Konditionierung kann mit der operanten Konditionierung völlig neues Verhalten geformt werden. Durch das Lernen aus Versuch und Irrtum, nähert sich ein Individuum immer mehr an das Verhalten an,

Positive Verstärkung	Negative Verstärkung	Positive Bestrafung	Negative Bestrafung
Etwas Angenehmes wird hinzugefügt z.B. ein Leckerli, Spielzeug	Etwas Unangenehmes wird weggenommen z.B. Zug auf der Leine	Etwas Unangenehmes wird hinzugefügt z.B. Leinenruck, verbales Schimpfen	Etwas Angenehmes wird entzogen z.B. Aufmerksamkeit, Ausbleiben eines Leckerlis
Konsequenz: Freude	Konsequenz: Erleichterung	Konsequenz: Schmerz, Angst	Konsequenz: Frust, Unsicherheit

welches von seinem Trainer gefordert wird. Zahlreiche Laboruntersuchungen zeigen, dass gerade Strafreize das Lernen blockieren, negative Verstärkung kann es hingegen sogar fördern (Gansloßer, 2020).

Klassische Konditionierung

Auch wenn wir bereits erwähnt haben, dass es sich hier um eine an Labortieren durchgeführte Lernmethode handelt, bei der die soziale Interaktion und soziale Kognition unserer Hunde vollkommen vernachlässigt wird, hat sie dennoch ihre Berechtigung im Hundetraining. In der klassischen Konditionierung wird ein ursprünglich unbedeutender Reiz z.B. der Klang einer Glocke mit einem bekannten Reiz z.B. Futter verknüpft und mit derselben Bedeutung belegt. Die Reaktion auf den Reiz Futter (Speichelfluss) wird nach erfolgreicher Konditionierung auch auf den Reiz Glockenklang gezeigt, ohne dass das Futter präsentiert wird. Für eine erfolgreiche Konditionierung muss der zunächst unbekannte Reiz (Klang der Glocke) vor dem bekannten Reiz Futter präsentiert werden. Der Abstand der Reizpräsentationen sollte dabei unter zwei Sekunden liegen:

1. Klang der Glocker (unbekannter Reiz)
2. Präsentation von Futter (bekannter Reiz)
3. Speichelfluss erfolgt (Reaktion auf bekannten Reiz)

Ruhesignale können im Alltag dazu genutzt werden, Ihren Hund nach einer Stresssituation bei der Entspannung zu unterstützen. Foto: Selina Winkler

Nach häufiger Wiederholung:

- Klang der Glocke (konditionierter Reiz)
- Speichelfluss erfolgt (Reaktion auf konditionierten Reiz)

Die klassische Konditionierung kann im Alltag sinnvoll eingesetzt werden, um ein Entspannungssignal aufzubauen. Dazu wird anstelle der Glocke als unbekanntem Reiz ein Ruhesignal z.B. „Cool" verwendet. Daraufhin streicheln Sie Ihren Hund ganz langsam von den Schultern bis zu den Beinen und üben leichten Druck aus. Nach einigen Wiederholungen wird sich Ihr Hund bei der Nennung des Signals entspannen können, ohne dass die Streicheleinheit erfolgt.

Lernen und Gedächtnis

Sowohl bei der Erziehung als auch im Training mit unseren Hunden ist es wichtig zu verstehen, wie Lernen funktioniert. Wie bereits mehrfach erwähnt, ist unser Hund eben nicht ein Produkt der Konditionierung, sondern er ist in der Lage, sich auf verschiedene Weise neues Verhalten anzueignen oder ein Verhalten aufgrund von Erfahrungen anzupassen. Eine Verhaltensänderung oder der Erwerb von neuem Wissen tritt nur dann auf, wenn sich äußere Bedingungen verändern. Hier wirkt die Verhaltensplastizität (vgl. Verhaltensbiologie für Hundetrainer).

Für die nachhaltige Abspeicherung von neu erlerntem Verhalten und Wissen ist das Gedächtnis zuständig. Das Gedächtnis stellt eine Art Netzwerk von verschiedenen Arealen dar, das für kurze (Kurzzeitgedächtnis) oder längere (Langzeitgedächtnis) Zeit Informationen abspeichert, die dann für komplexe kognitive Aufgaben abgerufen werden. Zur längeren Abspeicherung einer Information kommt es, wenn ein Signal, eine darauffolgende Bewegung oder ein Umweltreiz über mehrere Sekunden mehrmals hintereinander wiederholt werden. Vorstellen können Sie sich diesen Prozess wie eine Art Trampelpfad, der je häufiger er benutzt wird, immer besser zu befahren ist. Irgendwann ist er so weit ausgebaut, dass er ähnlich wie eine Autobahn, Sie schnell von A nach B bringt. So wird eben auch ein Reiz über Synapsen (die Straßenkreuzungen des Gedächtnisses) leichter und schneller weitergeleitet, je häufiger er präsentiert wurde. Dieser Prozess wird auch Langzeitpotenzierung (LTP) genannt und kann, wie auch eine Straße, die nicht mehr befahren und immer weniger gepflegt wird, sich zurück zu einem Trampelpfad entwickeln. Die entgegengesetzte Wirkung nennt sich Langzeitdepression (LTD). Hierbei kommt es zu einer Erhöhung der Reizschwelle, wodurch nicht nur seltener bestimmte synaptische Verbindungen genutzt werden, sondern es in Kombination mit LTP zu einer entweder erleichterten Verbindung zwischen den Nervenzellen kommen kann oder die Verbindungen werden erschwert. In einem großen Netzwerk aus Zellen führt dieser Prozess zur Fokussierung oder Abschwächung von Reaktionen. Die Kombination von LTP und LTD sorgt dafür, dass Reize fokussiert oder eben abgeschwächte Reaktionen in Teilen des Gehirns oder Nervensystems hervorrufen.

Lernerfolg

Wie bereits erwähnt, spielt die zeitliche Darbietung eines Reizes eine große Rolle für die LTP und LTD und somit auch für den damit verbundenen Lernerfolg. Eine neue Information, z.B. ein neues Kommando in Kombination mit einer Bewegung, sollte etwa drei bis fünf Minuten lang wiederholt werden, damit eine erste Gewöhnung stattfinden kann. Dadurch erlangt unser Trampelpfad schon seine ersten Verstärkungsmechanismen. Wiederholt man die gleiche Information nach etwa zwanzig bis dreißig Minuten, erzielen wir eine weitere Verstärkung unseres Trampelpfads, der jetzt bereits Start und Ziel sichtbar verbindet. Wird die Information dann nach einigen Stunde (4–6 Stunden) nochmals wiederholt, wird unser Trampelpfad durch erste Befestigungen zu einem sichtbaren Weg. Im biologischen Sinn bedeutet es, dass wir die erste chemische Form der Gedächtnisbildung erreicht und bereits die Reizweiterleitungen über die Synapsen verbessert und erleichtert haben. Folgt auf diesen Wiederholungsprozess eine Tiefschlafphase, werden Informationen und Erfahrungen, die eine emotionale Bedeutung für Ihren Hund haben, nochmals verstärkt abgespeichert. Lernen im Schlaf bekommt hier eine neue Bedeutung. Auch die Variation des Reizes führt nachweislich dazu, dass die Informationen besser abgespeichert werden. Das können Sie sich so vorstellen: Es gibt einen Hauptweg von A nach B. Dadurch, dass es aber noch viele andere Wege gibt, die zum Ziel führen, ist das Ziel besser zu erreichen, wie z.B. ein Stadtkern. Leicht veränderte Bewegungen bei der Gabe des Signals, eine veränderte Stimmungsmodulation oder auch eine andere Umgebung sind somit besser geeignet, als ein ständiger Automatismus der Kommandogabe und Signalhandlung.

Methodenmix

Wie schaffen wir es nun, Erziehung und Training mit unserem Hund abwechslungsreich, spannend und abgestimmt auf die vielen kognitiven Fähigkeiten unseres Hundes zu gestalten? Wichtig ist an dieser Stelle zu verstehen, dass es bei der Erziehung des Hundes nicht um das Einstudieren von Kommandos geht, sondern um den Erwerb von Kompetenzen. Das bedeutet, dass verschiedene Fähigkeiten Ihres Hundes zusammengefügt werden, um alltagstauglich zu werden. Zu wichtigen Kompetenzen zählen z.B. Höflichkeit, Impulskontrolle, Geduld, Frustrationsbewältigung und die Kommunikation zwischen Mensch und Hund und Hund und Hund. Die Erziehung Ihres Hundes sollte mit Fokus auf die soziale Interaktion zwischen Mensch und Hund stattfinden. Gerade spielerisches Lernen und die Kommunikation durch verbale und körperliche Signale helfen Ihrem Hund, Ihre Sprache zu verstehen und Sie lernen gleichzeitig auch seine. Im Training geht es mehr darum, Ihrem Hund neue Fertigkeiten beizubringen, die einem bestimmten Zweck dienen, z.B. der Rückruf oder auch die Leinenführigkeit. Hier können Sie verschiedene Methoden zum Anlernen verwenden. Wir empfehlen Ihnen den Fokus hier vor allem auf die sozialen Lernmethoden, wie „Modell-Rivale" und „Do as I do" und zu legen und diese dann, falls nötig, mit klassischer und/oder operanter Konditionierung zu kombinieren. Es spricht nichts dagegen, den einen oder anderen Trick oder ein Kommando mit dem Clicker zu verstärken, solange das soziale Feedback vom Menschen ebenfalls Teil der positiven Bestätigung ist. Sie dürfen und sollten Ihrem Hund verbales Feedback geben! In Kombination mit der Methode des „Do as I do" lassen sich gerade komplexe Aufgaben, wie z.B. Apportieren oder auch komplizierte Tricks und sogar ganze Choreografien sehr gut trainieren. Auch der Einsatz eines zweiten Hundes, der das zu lernende Verhalten bereits kann, ist eine super Möglichkeit, Abwechslung ins Training zu bringen.

Strafende oder positiv bestärkende Erziehung?

Eine Frage, die spätestens nach bekannten TV-Hundetrainern wohl die meisten Hundehalter beschäftigt. Wer hat die bessere Methode? Darf ich meinen Hund betrafen? Darf ich meinem Hund Leckerlis geben? Warum soll

Clickertraining kann vor allem im Bereich des Medical Trainings eine sinnvolle Methode sein. *Foto: Sarah Mertes*

ich einen Futterdummy verwenden, wenn mein Hund bellt? Fragen über Fragen, die durch TV-Produktionen in den Köpfen von Millionen Hundehaltern entstehen. Was ist aber nun dran?

Aversive Trainingsmethoden vs. belohnungsbasierte Trainingsmethoden

Ein Forscherteam aus Portugal rund um Vieira de Castro und Ana Catarina haben es sich 2020 zum Ziel gesetzt, eine umfassende Bewertung der Auswirkungen verschiedener Trainingsmethoden auf das Wohlergehen von Begleithunden innerhalb und außerhalb des Trainingskontextes abzugeben. Ihre Hypothese: Hunde, die mit aversiven Methoden trainiert wurden, weisen ein höheres Maß an Stress auf und zeigen in einer kognitiven Verzerrungsaufgabe außerhalb des Trainingskontextes pessimistische Urteile über mehrdeutige Reize, als Hunde, die mit belohnungsbasierten Methoden trainiert wurden. Dazu untersuchen die Forscher insgesamt 92 Hunde aus sieben verschiedenen Hundeschulen, die entweder mit einer aversiven, einer gemischten oder rein belohnungsbasierten Methode arbeiteten. Anhand physiologischer und verhaltensbezogener Stressindikatoren konnte gezeigt werden, dass aversiv trainierte Hunde insgesamt ein schlechteres Wohlbefinden während des Trainings und auch außerhalb des Trainingskontextes zeigten. Ähnliche Ergebnisse zeigten auch schon frühere Beobachtungen von Nicola Rooney und Sarah Cowan (Rooney and Cowan, 2011), die eine Reihe von Mensch-Hund-Teams mit unterschiedlichen Trainings- und Erziehungsmethoden trainierten. Dort zeigte sich, dass Hunde, die durch körperliche Strafe oder Züchtigung trainiert wurden, fremden Menschen gegenüber wesentlich zurückhaltender und auch weniger verspielt verhielten. Hingegen verhielten sich Hunde, die über Belohnung und positive Mechanismen trainiert wurden, in Trainings- und Problemlöseaufgaben findiger und insgesamt sogar erfolgreicher. Auch konnte gezeigt werden, dass Hunde von Hundehaltern, die selbst lockerer und verspielter mit ihren Hunden umgingen und geduldig mit ihnen trainierten, Trainingsaufgaben schnell und erfolgreich absolvierten.

Zwanglos und rein positiv als Alternative?

Nach dem oben genannten Abschnitt könnte der Eindruck entstehen, dass wir unsere Hunde nur noch mit Leckerlis und Streicheleinheiten erziehen sollen. Doch trotzdem muss an dieser Stelle darauf hingewiesen werden, dass eine rein positive Hundeerziehung ohne Konsequenz und den verpönten „Zwang“ kaum möglich ist. Denn auch unter Hundeartigen werden Abbruchsignale und Grenzen aufgezeigt und durchgesetzt. Der direkte Einsatz eines

Abbruchsignals kann beispielsweise zum Stoppen eines unerwünschten Verhaltens führen und zur Entspannung sozialer Konfliktsituationen (Ganslоßer und Kitchenham, 2015).
Ein großes Problem in der heutigen Zeit ist die ständige Bewertung von gut und schlecht, richtig oder falsch. Heute ist es modern geworden, in sogenannte „gewaltfreie" und ohne „Zwänge" arbeitende Hundeschulen mit einem Trainingskonzept nach „R+" (reward positve) zu gehen. Doch ist eine rein positive Erziehung überhaupt sinnvoll?

Um diese Frage zu beantworten, müssen wir zunächst klären, was „positive Erziehung" bedeutet. Wenn Hundetrainer von R+ oder einer rein positiven Erziehung sprechen, meinen sie den permissiven oder antiautoritären Erziehungsstil. Wer nach diesem Stil arbeitet, belohnt gewünschtes Verhalten z.B. mit Futter und ignoriert unerwünschtes Verhalten, indem die Belohnung ausbleibt. Der Hund kann somit jederzeit aus eigenem Willen Entscheidungen treffen. Somit steht ein selbständiges Handeln bei diesem Erziehungsstil im Fokus. Erzieherische Reglementierungen und Auseinandersetzungen sind verboten. Diese Methode harmoniert mit dem Bestreben nach Liebe, Fürsorge, Verständnis und Zuneigung. Bei diesem „Erziehungsstil" gibt es folgende Probleme:

Das Ausbleiben einer Belohnung ist auch eine Bestrafung. Foto: Sarah Mertes

1. Es geht nicht klar aus der Definition hervor, ob es sich hierbei nicht „nur“ um das Erlernen von Fertigkeiten handelt und somit mehr in den Trainingsbereich und weniger in den Erziehungsbereich fällt. Es bleibt fragwürdig, ob das Festigen von Kompetenzen, wie Impulskontrolle, Geduld oder Kommunikation, nur durch reines Belohnen von erwünschtem Verhalten erfolgen kann. Zudem führt das Ignorieren von Fehlverhalten bei vielen Hunden nicht zu einer Reduzierung von unerwünschten Verhaltensweisen, sondern oftmals zu Unsicherheit!

Beispiel:
Die Hündin Cleo zieht wie wild an der Leine, wenn sie andere Hunde sieht. Ihre Besitzer haben die Golden Retriever-Hündin seit dem Welpenalter und wollten zu Beginn so viel Hundekontakt, wie möglich – auch an der Leine durfte Cleo jedem vorbeikommenden Hund „Hallo“ sagen. Mit der Zeit lernte Cleo, dass die Begegnung mit einem anderen Hund bedeutet, zu diesem zu dürfen. Mit einer immer größeren und kräftigeren Cleo wurde die Aufregung bei Hundebegegnungen immer stärker und auch Hunde, die auf der anderen Straßenseite liefen, sollten begrüßt werden. Nachdem Cleos Halterin von der 37-Kilo-Hündin fast auf die Straße gezogen wurde, entschieden sich Cleos Menschen, einen Hundetrainer zu Rate zu ziehen. Für Cleos Halterin stand fest, dass es auf jeden Fall eine Hundeschule sein sollte, die positiv arbeitet. In den sozialen Medien hatte sie viel Gutes von dieser Methode gehört und wollte auf keinen Fall zu „veralteten“, autoritär arbeitenden Hundetrainern. In der ersten Trainingsstunde wurde Cleos Menschen gezeigt, dass sie einfach Cleo mit einem Leckerli belohnen sollten, sobald ein anderer Hund zu sehen war. Sie lernten auch, das Kommando „Schau“ zu geben, bevor Cleo das Leckerli bekam. Wichtig war, dass Cleo das Leckerli nur bekam, wenn sie noch nicht an der Leine gezogen hatte. Zuerst schien diese Methode gut zu funktionieren und Cleos Halterin war begeistert. Immer, wenn sie einen anderen Hund sah, sagte sie ihr Kommando, holte die Keksdose heraus und belohnte die brave Cleo. Doch als Cleo ihre Lieblingsspielgefährtin sah, zog sie wieder wie wild an der Leine, obwohl ihre Halterin vorher das bekannte Kommando gesagt hatte. Da Cleo eine ganz schöne Wucht hatte, schaffte sie es auch, ihre Spielgefährtin zu begrüßen und zog ihre Halterin hinter sich her. Auf den nächsten Spaziergängen versuchte Cleo immer wieder, nachdem sie das Leckerli bekommen hatte, trotzdem zum anderen Hund zu ziehen und schaffte es auch gelegentlich. Abgesehen davon, dass Cleo mit jeder erfolgreichen Begrüßung mit anderen Hunden sich selbst belohnte, war die Belohnung mit dem Leckerli vor der

Hundebegegnung zu früh und hier eher eine Ablenkung als eine Bestätigung von gewünschten Verhalten. Solche oder ähnliche Fehler passieren häufig. Denn da Hunde hochintelligente Wesen sind und die meisten Hundehalter nicht wissen, welche unbewussten positiven Bestätigungen sie ihrem Hund geben, wenn sie mutmaßlich ein Verhalten ignorieren, scheitern die meisten positiven Ansätze. Ein weiteres Problem ist, dass gerade die Belohnung mit Futter für viele Hunde nicht im Verhältnis zu dem begehrten Reiz steht, auf den sie verzichten sollen, wie im Beispiel von Cleo die Hundebegegnung. Die Aussicht auf ein Spiel mit einem anderen Hund ist für Cleo lohnender, als die Aussicht auf ein Leckerli vom eigenen Menschen. Denn egal, wie Cleo sich auf dem Spaziergang benimmt, Futter landet jeden Tag zwei bis drei Mal auch in ihrem Napf. Dazu kommt, dass auch das Vorenthalten einer Belohnung, wie es in diesem Beispiel der Fall war, aus physiologischer und verhaltensbiologischer Sicht als „Strafe" anzusehen ist. Das Vorenthalten einer Belohnung sorgt für eine Stresszugabe und ist somit eine Bestrafung. Man kann also NICHT straffrei arbeiten, sobald man belohnt, egal wie. Doch wenn auch die rein positive Erziehung viele Nachteile mit sich bringt und die autoritäre Erziehung in der Mensch-Hund-Beziehung ihre Schattenseiten zeigt, wie können Sie Ihren Hund dann erziehen?

Entspannte Hundebegegnungen müssen von Beginn an gelernt werden. Nicht jeder Hund muss begrüßt werden!

Foto: Sarah Mertes

Der autoritative Erziehungsstil

Das Geheimnis der Hundeerziehung besteht darin, das Beste aus beiden Methoden mit Verstand und Feingefühl zu kombinieren. Ihr Verstand sollte Ihnen sagen, dass jegliche tierschutzwidrige Bestrafung, wie z.B. Stachelhalsbänder, Schlagen, Tritte o.Ä., nichts in der Hundeerziehung zu suchen hat. Ebenso wenig wie das Entziehen der Aufmerksamkeit oder der Reglementierung von Grundbedürfnissen z.B. Futter. Trotzdem muss es Regeln im Miteinander mit Ihrem Hund geben, die eingehalten und durchgesetzt werden. Ihr Hund muss sich sicher sein, dass unerwünschtes Verhalten nicht ignoriert, sondern korrigiert wird und somit Konsequenzen hat. Eine Korrektur darf hier nicht mit einer Bestrafung verwechselt werden! Wenn Sie Ihren Hund korrigieren, verfolgt dies das Ziel, ein aktuell gezeigtes Verhalten zu unterbinden. Korrekturen erfolgen also unmittelbar auf erstes Fehlverhalten und hören auf, sobald das Fehlverhalten unterbrochen wird. Eine Bestrafung ist zeitversetzt zum Fehlverhalten und dient nicht der sofortigen Verhaltensänderung. Bei einer Korrektur sind demnach das Timing und die Dosierung gezielt einzusetzen und an die Situation und vor allem an die Sensibilität des Hundes anzupassen. Sehr sensible Hunde reagieren sofort auf ein deutliches verbales Abbruchsignal wie z.B. „Schluss". Weniger sensible Kandidaten benötigen neben einem Abbruchsignal auch noch eine körperliche Einschränkung z.B. durch ein direktes Entgegengehen. Verzichtet Ihr Hund hingegen auf unerwünschtes Verhalten, kann er sich sicher sein, Lob und Zuwendung zu bekommen. Natürlich darf zur Lernbeschleunigung auch etwas Futter oder ein Spielzeug als Belohnung erfolgen. Auch unser Fallbeispiel „Cleo" hätte mit dieser Methode Erfolg gehabt. Das Fixieren anderer Hunde hätte für Cleo jedes Mal eine direkte Konsequenz und würde sich nach und nach einstellen. Als Kompensation für die Korrektur erhält Cleo, sobald sie das unerwünschte Verhalten unterbricht, Lob und Zuwendung von ihrem Menschen. Zeigt Cleo sofort das gewünschte Verhalten, gibt es sogar noch eine extra Belohnung in Form von Futter oder einem gemeinsamen Spiel.

Foto: Sarah Mertes

Abbruchsignale in der Hundeerziehung

In der Hundetrainerszene bemerken wir immer wieder zwei Extreme. Die eine Extreme, auch „Wattebauschfraktion“ genannt, behauptet, dass Hundetraining rein durch positive Verstärkung und gewaltfrei stattfinden muss. Das Problem dabei ist, dass wie bereit zuvor erwähnt auch das Einbehalten einer Belohnung bereits eine Form der Bestrafung ist. Das andere Extrem sind Hundetrainer, die nach alter Schule „Hammerknüppelmethode“ den Hund zum Gehorchen zwingen wollen, wobei meist die sozialen und kognitiven Fähigkeiten des Hundes völlig vernachlässigt werden. Das Abbruchkommando wird bei der „Wattebauschfraktion“ abgelehnt, da sie der Meinung ist, dass der Einsatz von Körpersignalen mit oder ohne Berührung der Beziehung zwischen Mensch und Hund schadet. Bei der „Hammerknüppelfraktion“ wird das Abbruchkommando hingegen als Einschüchterung für jedes falsche Verhalten eingesetzt, damit der Hund gehorcht.

Abbruchsignale sind ein fester Bestandteil jedes sozialen Verständnisses

Bevor Sie sich selbst ein Urteil über Abbruchsignale bilden, ist es wichtig zu verstehen, was ein Abbruchsignal ist. Sowohl Hunde als auch Wölfe nutzen Abbruchsignale, um Konflikte bereits im Ansatz zu vermeiden, um eine Eskalation zu verhindern. Dabei werden sowohl Signale ohne Verringerung der Distanz (z.B. Knurren, Fixieren) gezeigt, Signale mit Verringerung der Distanz (z.B. Scheinvorstoß, Leerschnappen) oder auch körperliche Aktionen (z.B. Anstupsen, Zwicken). Untersuchungen an Hunden und Wölfen zeigten, dass es nicht zur Belastung der Beziehung führte, nachdem ein Abbruchsignal unter den Tieren gezeigt wurde. Vielmehr trat das Gegenteil ein, da das Abbruchsignal als wichtiges Instrument der Konfliktvermeidung dient (Gansloßer, 2015). Meist kommt es in Folge eines Abbruchs sogar zu einer Versöhnung, die vom Sender oder Empfänger des Abbruchsignals ausgehen kann. Und zwar oft in weniger als fünf Minuten danach!
Ähnliche Untersuchungen zum Konfliktmanagement in Tierheimen, Pensionen und bei Vereinstreffen konnten ebenfalls zeigen, dass Abbruchsignale in erster Linie zur Vermeidung von ernsthaften Auseinandersetzungen dienen, da es trotz häufig wiederholter Abbruchsignale nicht zum Ernstkampf kam.
Im Hinblick auf die Mensch-Hund-Beziehung zeigt die aktuelle Forschungsgrundlage, dass Hunde durch Abbruchsignale keinem Stress ausgesetzt sind. Das Abbruchsignal muss fair gesetzt werden, dem Hund vorab bekannt und auf die Persönlichkeit des Hundes abgestimmt sein.

Regeln für den Einsatz von Abbruchsignalen:

- Ein Abbruchsignal erfüllt den Zweck ein gerade gezeigtes Verhalten zu unterbrechen.
- Es hat nichts mit Qualen oder Schmerzen zu tun.
- Ein Hund sollte durch das Abbruchsignal nicht frustriert oder bestraft werden.
- Das Abbruchsignal muss im Moment der abzubrechenden Handlung eingesetzt werden.
- Unterlässt der Hund nach dem Abbruchsignal seine Handlung und wendet sich seinem Menschen zu, sollte er bestätigt werden. Für das Ausführen eines Alternativverhaltens, z.B. Blickkontakt aufnehmen oder sich hinlegen, sollte Ihr Hund ebenfalls positiv bestärkt werden. Das Versöhnungsverhalten durch freundliche Kontaktaufnahme sollte aber in jedem Fall gegeben werden. Nachtragend sein ist leider typisch menschlich und wird nur bei ganz wenigen sozial lebenden anderen Arten gezeigt!

Machen Sie es besser!

Trainer-Mythos	Problem	Mach es besser!
Die rein positive Ausbildung funktioniert ohne Strafe.	Das Ausbleiben einer Belohnung ist ebenfalls eine Strafe und kann bei Hunden zu Stress und Verunsicherung führen.	Alternatives Verhalten aktiv einfordern und dem Hund über Hilfen z.B. Körperkontakt oder durch Locken, in das gewünschte Verhalten führen.
Abbruchsignale gefährden die Beziehung zwischen Mensch und Hund.	Abbruchsignale gehören zur natürlichen Kommunikation unter Caniden. Ein Hund, der nicht lernt, auf Abbruchsignale zu reagieren, gerät schneller in Konflikte.	Richtig ausgeführte Abbruchsignale können die Mensch-Hund-Beziehung nicht gefährden. Wichtig ist, dass der Halter nicht nachtragend ist. Hunde sind es auch nicht.
Clickertraining ist die beste Möglichkeit, einen Hund zu trainieren.	Konditionierungsaufgaben wurden vorrangig an Labortieren getestet. Einseitiges Training mit dem Clicker wird der sozialen Kompetenz unserer Hunde nicht gerecht.	Ein Methodenmix, bei dem auf die individuellen Bedürfnisse und sozialen Komponenten des Hundes eingegangen wird.

Welpen müssen von Anfang an die Grundkommandos lernen.	Welpen haben nur ein geringes Zeitfenster für ihre Sozialisierung. Bei der Erziehung steht das Erlernen von Kompetenzen wie Geduld, Impulskontrolle, Höflichkeit und Kommunikation im Fokus.	Bei einem heranwachsenden Welpen liegt der Fokus auf der Erziehung und Bindung. Das Training, welches durch das Erlernen von Fertigkeiten wie Kommandos gekennzeichnet ist, folgt darauf aufbauend.
Vor allem größere Rassen dürfen aus Rücksicht auf die Gelenke im ersten Lebensjahr keine Treppen steigen, springen und nicht ins Auto ein- oder aussteigen.	Das räumliche Sehvermögen wird nur dann in der Sehrinde durchgeschaltet, wenn die dritte Dimension durch aktive Muskelbewegungen erfahren wird. Anatomisch dagegen gibt es keine Hinweise auf die genannten Gefahren, sofern der Hund nicht über die Ermüdungsgrenze hinaus bewegt wird oder tobt.	Kleinere Treppenabschnitte, Sprünge oder Ähnliches sollten während der Welpenzeit unbedingt angeboten werden. Wichtig ist, dass der Hund nicht übermäßig belastet wird.
Der Hund muss sich sein Futter erarbeiten.	Hunde, die nicht wissen, wann sie das nächste Mal etwas zu Fressen bekommen, haben erheblichen Stress. Die reine Handfütterung kann bei Welpen und jungen Hunden zu einem späteren Zeitpunkt sogar Futteraggression und Depressionen auslösen. Ganz nach dem Motto „Verwehren weckt Begehren“ ist es auch im Training wenig sinnvoll, wenn der Hund nur dem duftenden Futterbeutel hinterherlechzt und sich somit weniger auf das Ausführen einer Aufgabe konzentrieren kann.	Der Umkehrschluss heißt nicht, dass Sie Ihren Hund gar nicht aus der Hand füttern dürfen. Natürlich kann Futter als Motivator im Training eingesetzt werden. Jedoch sollte mindestens 60% des Futters zur freien Verfügung bzw. zu den Fütterungszeiten verfüttert werden, sodass Hungerstress vermieden wird. Zudem konnte gezeigt werden, dass Hunde, die zweimal täglich gefüttert werden, einen besseren Schlaf hatten (Zhangi et. al.,2012) und wir wissen ja bereits, dass Hunde auch im Schlaf lernen!

Foto: © Jana Behr/stock.adobe.com

6. Ein Spiel unter Freunden

Ein Spiel braucht gegenseitiges Vertrauen. Foto: © Wedding photography/stock.adobe.com

Viele Hundehalter spielen gerne mit ihrem Hund und sehen das gemeinsame Spiel als Zeichen ihrer Freundschaft zu ihrem Vierbeiner an. Dabei ist es wichtig, dass Hund und Mensch einander vertrauen und lernen, miteinander zu kommunizieren und auch ganz ohne Hilfsmittel, wie sie im Hundetraining oft benutzt werden, zurechtzukommen. Durch die häufig falsche Betitelung vieler Hundespielzeuge kommt es jedoch schnell zu Verwirrung, was das gemeinsame Spiel mit dem eigenen Hund eigentlich ausmacht. Sind Ball werfen, Frisbee werfen oder Intelligenzspiele wirklich „Spiele"? Kann ich als Hundehalter genauso frei mit meinem Hund „spielen", wie Hunde es untereinander tun? Welche Regeln gilt es beim gemeinsamen Spiel zu beachten und was mache ich, wenn mein Hund gar nicht spielen möchte? In diesem Kapitel lernen Sie die wichtigsten Merkmale des Spiels kennen, erfahren was echte Spiele von Pseudospielen unterscheidet und warum die Erfindung einer Ballwurfmaschine apothekenpflichtig sein sollte.

Was ist ein Spiel?

Spielverhalten gliedert sich in die Bereiche Sozialspiel, Objektspiel und Bewegungsspiel. Die Aktivität ist immer freiwillig und nicht ohne Vertrauen, Kommunikation und Kooperation der Spielpartner möglich (Gansloßer and Käufer, 2022). Das Spielverhalten ist zudem eines der wichtigsten Geschehnisse der Entwicklung eines Jungtieres und fördert bei unseren hochsozialen Haushunden soziale Kompetenzen.
Dabei ist ein Spiel sehr abwechslungsreich: Rollenwechsel, Übertreibungen, Verhaltenshemmung und schnelle Wechsel verschiedener Funktionskreise werden immer wieder gezeigt.
An sich ist ein Spiel sehr leicht zu erkennen, doch trotzdem wird der Begriff „Spiel" sowohl von vielen Hundehaltern als auch so manchen Hundetrainern schnell falsch interpretiert. Das echte Sozialspiel zwischen Mensch und Hund kann sich nur positiv auf die Beziehung zum Hund auswirken, wenn es sich auch wirklich um ein solches handelt.

Kriterien für das Spiel nach Gansloßer & Käufer (2017, 2022)

- Die Spieler verfolgen keine über das Spiel hinausgehenden Ziele.
- Das Verhalten im Spiel sieht anders aus als außerhalb des Spiels.
- Das Verhalten wird nicht stereotyp, sondern in stets neuen Variationen wiederholt.
- Spiel ist spontan, freiwillig, selbstbelohnend und macht Spaß.
- Ein Tier spielt nur, wenn es sich zufrieden, sicher und entspannt fühlt.
- Das Spiel findet unter Aufhebung sozialer Konventionen, wie beispielsweise dem Rang, statt.
- Das Spiel zeichnet sich durch Spielsignale aus, wie beispielsweise der Spielverbeugung.
- Im Spiel zeigen sich Luxusbewegungen, zum Beispiel eine übertriebene Schlenkerbewegung der Beine, starkes Auf- und Abhüpfen beim Rennen, statt geradlinigem Geschwindigkeitsaufbau.

Reines Bällchenwerfen ist kein echtes Sozialspiel. *Foto: Sarah Mertes*

Was ist kein Spiel?

Nicht alles, was „Spaß“ macht, ist auch gleichzeitig ein Spiel. Wie auch bei uns Menschen, kann Arbeit oder ein Hobby Spaß bringen, als Spiel würden die meisten es dennoch nicht bezeichnen. Die Vielfalt an „Hundespielzeug“ auf dem Markt macht es Hundehaltern schwer, passende Gegenstände für „echtes Spiel“ auszusuchen. Es leuchtet nicht unbedingt ein, warum ein Futterpuzzle eben keins ist. Neben Intelligenzbeschäftigungen, wie dem Futterpuzzle, gehören automatische Ballwurfschleudern, Hetzangeln oder Touch-Screen-Computer für Hunde zu zielgerichteten Aktivitäten. Das bedeutet, sie alle verfolgen ein bestimmtes Ziel und verstoßen demnach gegen mindestens eins der zuvor genannten Kriterien für Spiel.

In der Pädagogik werden fremdbestimmte, strukturierte, zielorientierte und auf eine Belohnung ausgerichtete Aktivitäten, die das Etikett „Spiel“ tragen, mit dem Begriff „Pseudospiel“ betitelt. In Gansloßer & Käufer (2022) wurde dieser Begriff von den Autoren auch auf die Aktivitäten zwischen Hund und Halter übertragen. Danach zeichnet sich ein Pseudospiel zwischen Mensch und Hund dadurch aus, dass die Aktivitäten stark vom Halter strukturiert, kontrolliert und manipuliert werden. Die Tätigkeiten werden nicht aus Spaß an der Aktivität selbst, sondern z.B. zum Erwerb von Lernerfahrungen ausgeführt. Dabei verfolgen die Aktivitäten ein bestimmtes Ziel, wobei der Hund eine eher passive Rolle des Konsumenten einnimmt und entweder als Gewinner oder Verlierer hervorgeht. Verschiedene Studien zeigen, dass die unterschiedlichen Verhaltensweisen, die Stimmung und die Motivation des Hundehalters nicht nur das Verhalten des Hundes während des Spiels beeinflussen (O’Farrell, 1997), sondern auch zu einem Anstieg des Stresshormons Cortisol beim Hund führen kann (Horváth et al., 2008). Die Beobachtung an Polizeihunden und Grenzschutzhunden zeigte, dass bei der Gruppe, die wirklich mit ihrem Hund spielte, sich die Cortisolkonzentration verringerte. In der Gruppe, in der die Hunde während des Spiels diszipliniert wurden, stieg die Cortisolkonzentration sogar. Ein echtes Spiel sorgt dafür, dass der Cortisolspiegel sinkt und sich somit positiv auf den Gemütszustand des Hundes auswirkt.

Klassische Pseudospiele zwischen Mensch und Hund

„Game“ oder „Play“? – Hier hat es die englische Sprache mal wieder einfacher: Games sind geregelte Spiele z.B. in Form sportlicher Wettkämpfe, Play hingegen ist das freie Spiel, um das es uns hier in diesem Kapitel geht. Manche Aktivitäten, die wir mit unseren Hunden machen, sind selbstbelohnend

Foto: Sarah Mertes

bzw. haben sich schon so mit der darauffolgenden Belohnung verknüpft, dass der Hund sie hochmotiviert ausführt. Dazu gehört auch eine Reihe von Sportarten, die Sie gemeinsam mit Ihrem Hund betreiben können. Obwohl Agility, Hunderennen oder Trendsportarten wie Canicross ebenfalls jede Menge Spaß bringen können, sind diese Aktivitäten stark vom Halter beeinflusst und besitzen ein festes Regelwerk, welches wenig Raum für Variationen lässt. Auch hier haben wir kaum Kriterien, die auf ein echtes Sozialspiel hinweisen.

Denk-, Such- und Futterspiele

Diese Pseudospiele können zwar durchaus eine Menge Spaß für Hund und Halter bringen, laufen aber in der Regel nicht freiwillig ab und sind belohnungsorientiert. Spielaufforderungen und andere Spielsignale, wie z.B. Spielgesicht oder Spielverbeugung, finden Sie hier nicht, zudem ist der Ablauf recht starr.

Training und Tricks

Gerade das Trickdogging nimmt dem Training ein wenig den Ernst, da Tricks meistens mit mehr Freude trainiert werden, als das klassische Gehorsamkeitstraining. Trotzdem sind Tricks und andere Trainingselemente alles andere als ein echtes Sozialspiel. Das Erlernen von neuen Kommandos und Bewegungen fordert Hunde auf eine ganz andere Art heraus als Spiel. Die Hunde sind konzentrierter und versuchen, dem Ziel des Menschen Folge zu leisten. Daher fehlen auch hier die klassischen Spielkriterien.

Beutefang"spiele"

Sehr beliebt und spätestens seit der Erfindung des Futterdummys finden wir in fast jedem Hundehaushalt mindestens ein Spielzeug, welches zum Apportieren oder Fangen verwendet wird. Zugegeben, den meisten Hunden macht es großen Spaß, Aktivitäten zu unternehmen, die in irgendeiner Art etwas mit Jagen zu tun haben. Da Jagen zu den überlebenswichtigen Aktivitäten eines Hundes gehört, ist es ebenso wie Spiel selbstbelohnend und führt zu einer Dopaminausschüttung und somit freudigen Erwartungen. Dabei ist es übrigens egal, ob tatsächlich der Hase am

Das Erlernen von Tricks ist eine tolle Beschäftigung, aber kein Spiel!

Foto: © TopDog-Foto/stock.adobe.com

Ende im Magen des Hundes landet oder nicht. Doch auch das Apportieren, das von den meisten Hundehaltern als Spiel betrachtet wird, ist ein Pseudospiel. Beim Apportieren verfolgt der Mensch ein bestimmtes Ziel, der Mensch ist auf Grund seiner Absicht der Aktivität nicht auf Augenhöhe mit seinem vermeintlichen Spielpartner. Der Automatismus aus Werfen, Laufen, Aufnehmen und Bringen lässt nur wenig Freiraum für Variationen. Auch hier fehlen uns die klassischen Kriterien für ein echtes Sozialspiel.

Die Balljunkies

Der Ball gehört zu den meistgekauften Hundespielzeugen. Sicherlich ist nichts gegen einen gelegentlichen Balleinsatz einzuwenden, wenn Ihnen bewusst ist, dass es sich auch hier um kein echtes Sozialspiel handelt. Das Ballwerfen und Apportieren ist eine Handlungskette, die wenig Spielraum für Kreativität und Abwechslung bietet – der Ball wird geworfen, der Hund rennt meist unkontrolliert hinter dem Ball her, der Ball wird aufgenommen, zurückgebracht, ausgegeben und wieder geworfen. Rein objektiv betrachtet, könnte die Aufgabe des Ballwerfens auch ein Roboter übernehmen und manchmal wird der Halter sogar durch eine Ballwurfmaschine ersetzt. Jetzt fragen Sie sich wahrscheinlich, warum gerade das Ballwerfen in diesem Buch einen eigenen Absatz erhält, neben all den anderen Pseudospielen. Grund dafür ist, dass es ein Spiel mit Nebenwirkungen ist, denn stereotypes, übermäßiges Ballwerfen kann süchtig machen und birgt Gefahren, wie den Übergang zur Ernstjagd.
Bestimmt wird Ihnen ähnlich wie uns mulmig, wenn Sie daran denken, dass Ihr Hund mit einem hohen Erregungsgrad nicht nur dem Ball hinterherhetzen würde, sondern auch kleinen Kindern. Gerichtsmedizinische und hundewissenschaftliche Kooperationsstudien an Opfern schwerer Unfälle von Hund gegen Kind in der Öffentlichkeit zeigen genau diesen Hintergrund. Um dies zu vermeiden, ist es sehr wichtig, die richtige Dosis zu finden. Empfehlenswert ist es, dass Sie Ihren Hund nicht einfach wild hinter einem Ball herhetzen lassen, sondern das Ganze mit Impulskontrolle verbinden. Das könnte so aussehen, dass Ihr Hund ein bestimmtes Kommando ausführt, z.B. Sitz oder Platz, der Ball dann geworfen oder gerne auch versteckt wird und Sie Ihren Hund anschließen erst auf die Suche oder zum Apport schicken. Wenn der Hund den Ball dann hat,

darf er ihn auch selbst werfen, fallen lassen, verstecken, wiederfinden – alles nur nicht stereotyp sofort wieder zu Ihnen bringen! So bekommen Sie mehr Ruhe in die Situation. Testen Sie Ihren Hund hin und wieder, indem Sie ihm den Ball zwar zeigen, ihn dann aber nicht werfen, sondern wieder in die Tasche stecken. Wenn Ihr Hund dann völlig unkontrolliert durchdreht, ist die Grenze zum Suchtpatienten deutlich. Ist er jedoch, nach kurzem Enttäuscht-sein bereit für ein anderes Spiel, besteht kein Grund zur Sorge. Und die Königsdisziplin: Geben Sie den Ball einem anderen Menschen und lassen diesen weggehen. Bleibt Ihr Hund dann bei Ihnen statt beim Ballträger, dann sind Sie richtig unterwegs!

Die Frage nach dem Warum

Haben Sie sich schon mal gefragt, warum es überhaupt wichtig ist, Pseudospiele von echtem Spiel zu unterscheiden, wenn beides zumeist Spaß macht? Grund dafür ist, dass echtes Spiel wichtig für die Fitness (das Überleben) und Fortpflanzung ist. Auch ein Zusammenhang zwischen echtem Sozialspiel und der Entwicklung von Fairness, Toleranz, Gegenseitigkeit und friedlichen Beziehungen wird von Wissenschaftlern nicht ausgeschlossen (vgl. Gansloßer und Käufer, 2017, 2022).

In der Natur hat bekanntlich alles irgendeinen Sinn oder es schadet zumindest nicht, demjenigen der es tut. So ist es auch mit dem Spielverhalten. Denn neben dem Spaßfaktor hat Spielverhalten noch viele weitere Nutzen. Spielen verbessert die Kondition und bildet Verknüpfungen im Bereich der Bewegungssteuerung. So werden verschiedene Bewegungsabläufe trainiert und im Gehirn gespeichert. Auch die Sehfähigkeit und Kommunikation sowie andere soziale Mechanismen werden im Spiel weiterentwickelt und geschult. Gerade ein wildes Sozialspiel, das durch einen

Das Sozialspiel zwischen Artgenossen ist wichtig für die Entwicklung von Welpen und Junghunden. *Foto: Sarah Mertes*

erfahrenen Hund oder eben auch den Hundehalter unterbrochen wird, wenn einer der Spielpartner über die Stränge schlägt, wirkt sich positiv auf das Sozialverhalten aus. Der Hund lernt „fair“ zu bleiben. Das Spiel wird nämlich nur dann weitergeführt, wenn sich der Rüpel auch ab und an mal zurücknehmen kann. In einer solchen Situation lernt der Hund spielerisch das Abbruchsignal kennen.

Wie gehen Sie damit um, wenn Ihr Hund im Spiel über die Stränge schlägt?

In der Welpen- und Junghundezeit kann es im gemeinsamen Spiel mit Ihrem neuen Familienmitglied mal etwas rauer zugehen. Wichtig ist, dass Sie Ihrem Hund zu verstehen geben, wann es zu viel wird. Das gelingt am besten durch eine kurze imitierte Lautäußerung z.B. einen Aufschrei „Aua“. Danach brechen Sie das gemeinsame Spiel sofort ab. Nimmt Ihr Hund sich dann zurück und verhält sich ruhig, sollten Sie ihm erneut eine Chance geben und ihn zum Spielen auffordern. So lernt Ihr Hund die Grenzen im Spiel kennen und wird nach und nach immer besser verstehen, wie fest er mit Ihnen herumtollen kann. In Familien bemerkt man häufig, dass ein Hund mit verschiedenen Familienmitgliedern mit unterschiedlicher Intensität spielen kann. Sie lernen also auch unsere Spielvorlieben durch das Spiel besser kennen. Wie ein Abbruchsignal richtig gesetzt wird, können Sie im Kapitel „Lernen abseits von Laborrattenversuchen“ nochmal nachlesen.

Auch der Botenstoff Dopamin, welcher gerne als Spaßhormon bezeichnet wird, hat eine wichtige Funktion im Spiel. Durch die Ausschüttung von Dopamin und des Nervenwachstumsfaktors IGF3 wird das heranwachsende Gehirn in der Pubertät strukturiert. Dies ist nur möglich, wenn in dieser Entwicklungsphase des Hundes soziales Raufen, Balgen und Toben möglich ist. Wichtige Fähigkeiten zur Selbstbeherrschung und auch Problemlösung sowie der Konzentrationsfähigkeit werden so ausgebildet. Daher ist es so wichtig, auch im Junghundealter noch in fachlich kompetente Spielgruppen („Junghundegruppen“) zu gehen und nicht nur während der Welpenzeit! In Gruppen pubertierender Hunde darf also nicht nur für irgendwelche Prüfungen trainiert werden, sondern es muss ausreichend Zeit zum Sozialspiel gegeben sein, um eine vollständige Entwicklung zu gewährleisten.

Spielen gegen Stress

Neben dem Spaßfaktor ist Spielen auch sehr nützlich zum Stressabbau. Besonders das Sozialspiel unterstützt durch das Freiwerden des Kuschelhormons (Oxytocin) die Hemmung des Stresshormons (Cortisol). Fordern Sie Ihren Hund nach einem Tierarztbesuch, einem anstrengenden Tag in der Stadt oder einer angespannten Hundebegegnung zu einem gemeinsamen Spiel auf, können Sie sein und auch Ihr eigenes Wohlbefinden steigern.

Spielregeln

Jedes Spiel hat Regeln. So ist es beim „Mensch Ärger dich nicht" und auch im Spiel mit Ihrem Hund. Im vorherigen Abschnitt haben wir darüber gesprochen, wie wichtig es ist, dass Ihr Hund lernt, seine Kraft im Spiel an seinen Spielpartner anzupassen. Aber nicht nur Ihr Hund hat sich an bestimmte Regeln im gemeinsamen Spiel zu halten, sondern auch Sie als sein Spielpartner. Hunde können zwischen Spiel und Wettkampf unterscheiden (Gansloßer und Käufer, 2017, 2022). Das bedeutet: Wenn Sie Ihrem Hund eine Spielaufforderung machen, jedoch eine völlig andere Absicht haben, als mit Ihrem Hund zu spielen, erlebt Ihr Hund die Situation als Täuschung. Deshalb ist es wichtig, dass Sie im Spiel jegliche Form von Kontrollverhalten über Ihren Hund ablegen. Bei Hunden oder auch Wölfen untereinander kann man schön beobachten, wie ältere „Babysitterhunde" sich im Spiel zurücknehmen, was Geschwindigkeit oder Kraft angeht. Sie zeigen ein Selbsthandikap, um ihren Spielpartner gewinnen zu lassen. Genau dies können auch Sie im Spiel mit Ihrem Hund imitieren. Lassen Sie Ihren Hund das Tauziehen gewinnen. Am besten warten Sie auf den Moment, bis Ihr kleiner Freund besonders fest zieht, dann geben Sie ein wenig nach, täuschen Ihre Schwäche vor und lassen am Ende los. Auch ein verbales Lob ist hier ab und an angebracht. Solche Gesten sind nicht nur essentiell für ein qualitativ hochwertiges Spiel, sondern tragen auch zu einer stabilen Mensch-Hund-Beziehung bei. Natürlich ist das Objektspiel nur eine Möglichkeit, mit Ihrem Hund zu spielen. Besonders schön wird das gemeinsame Spiel, wenn Sie Variationen einbauen. Beginnend mit einem Objekt ist schnell das Eis gebrochen und nach einer Zeit kann dann in ein sozial oder Bewegungsspiel gewechselt werden.

Hunde müssen im Spiel auch mal gewinnen, sonst wird es schnell langweilig. *Foto: Sarah Mertes*

Beachten Sie im gemeinsamen Spiel mit Ihrem Hund folgende Spielregeln:

- Spielen Sie fair (Selbsthandicap erwünscht, d.h. dass Sie z.B. Ihre Kraft zurücknehmen, gerade bei kleinen und/oder sehr jungen Hunden!).
- Seien Sie nicht nachtragend.
- Bauen Sie Variationen in das Spiel ein. Das gilt sowohl für die Abläufe der Handlungen als auch für die Bewegungsmuster. Denken Sie daran, dass nur bei freiem, temperamentvollem Spiel mit übertriebenen Bewegungen in alle Richtungen der Gelenkknorpel des Hundes ernährt und gesund erhalten wird. Bei den variablen Abfolgen und Elementkombinationen dagegen werden die geistige Wendigkeit und der Ideenreichtum gefördert.
- Fordern Sie Ihren Hund nur zum Spiel auf, wenn Sie auch in reiner Spiellaune sind.
- Vermeiden Sie Befehle oder kontrollierendes Verhalten.
- Lassen Sie (ganz wichtig) Ihren Hund regelmäßig gewinnen, das Spiel beenden oder auch dazu auffordern. Nur dann wird Ihr Hund auch Spaß daran behalten!

Praxisübung: Gemeinsam spielen

Das Objektspiel

- Nehmen Sie sich ein Spielzeug, das Ihr Hund gerne hat (kein Ball!), z.B. ein Zergel/Tau.
- Begeben Sie sich auf Augenhöhe mit Ihrem Hund.
- Bauen Sie Spannung auf, indem Sie sich langsam dem Objekt nähern, und machen Sie dabei ein Spielgesicht, lachen Sie am besten.
- Greifen Sie nach dem Tau und ziehen Sie es vor Ihrem Hund weg oder rennen mit dem Spielzeug in der Hand weg.
- Lassen Sie Ihren Hund hinterherspringen und ihn schließlich das Tau für sich gewinnen, indem Sie z.B. langsamer werden oder sich hinfallen lassen. Entweder schenken Sie ihm jetzt das Tau oder Sie spielen ein kleines Zerrspiel.
- Geben Sie beim Zerrspiel in dem Moment nach, wenn Ihr Hund sich sichtlich anstrengt, das Tau für sich zu beanspruchen. Meistens spüren Sie dann einen Gegenzug am Tau. Jetzt lassen Sie los und Ihr Hund gewinnt das Tau.
- Halten Sie das Spiel am Laufen, indem Sie nun Ihrem Hund hinterherjagen, um das Tau erneut zu bekommen.
- Haben Sie das Tau wieder gefangen, dreht sich das Spiel noch einmal um und Ihr Hund ist erneut der Fänger.
- Damit Ihr Hund Spaß am Spiel behält, lassen Sie ihn unbedingt unvorherseh-

bar das Tau gewinnen. Sie können irgendwann dazu übergehen, mit Ihrem Hund am Boden herumzutollen oder mit ihm zu kuscheln.
- Ihr Hund darf das Spiel genauso regelmäßig beenden und Sie dazu auffordern, wie Sie es bei ihm Hund tun.
- Versuchen Sie während des Spiels flexibel und kreativ zu bleiben und bedenken Sie, dass ein echtes Spiel eben kein Ziel verfolgt.

Wichtig:
Vermeiden Sie in einem gemeinsamen Objektspiel jegliche Form von Kommandos oder anderen kontrollierenden Signalen, es sei denn, das Spiel wird zu wild.

Das Sozialspiel

- Fordern Sie Ihren Hund durch eine übertriebene, nicht bedrohliche schnelle Bewegung zum Spielen auf, z.B. indem Sie auf allem Vieren krabbeln, vor Ihrem Hund aufhopsen oder auf Zehenspitzen vor ihm davonlaufen, nachdem Sie ihn kurz übertrieben lächelnd angesehen haben. Auch Laute, wie Lachen, Singen oder andere alberne Geräusche können Ihren Hund triggern. Warten Sie den Moment ab, in dem Ihr Hund die Verfolgung aufnimmt, und täuschen Sie dann ein Selbsthandicap vor, indem Sie sich z.B. auf den Boden fallen lassen.
- Ist Ihr Hund nun bei Ihnen, darf er sich gerne auf oder über Sie stellen, Sie abschlecken oder auch seine Zähne sanft einsetzen (hier ist auch die Chance bei Welpen gegeben, die Beißhemmung zu erlernen).
- Rangeln Sie mit Ihrem Hund eine Weile und wechseln Sie die Rollen, mal ist Ihr Hund oben, mal Sie, mal rennt Ihr Hund weg und dann wieder umgekehrt.
- Auch das Sozialspiel darf regelmäßig von Ihrem Hund begonnen und beendet werden.

Spiel unter Hunden

Neben dem Spiel gemeinsam mit Ihnen, sollte Ihr Hund auch unbedingt mit anderen Hunden spielen dürfen (am besten in einer gut geführten Welpen- oder Junghundegruppe von maximal fünf bis sechs Hunden). Beim Spiel unter Hunden ist es wichtig zu erkennen, wann es sich noch um Spiel handelt und wann das Spiel kippt. Gerade das oft falsch genannte Mobbing oder die Pseudohasenjagd, bei der ein Hund gegen seinen Willen als Ersatzbeutetier gehetzt wird, wird von vielen Hundehaltern und leider auch manchen Hundetrainern, oft nicht als solches erkannt, sondern als lustiges Fangenspielen beschrieben. Um Spielverhalten von Ernstverhalten zu unterschieden, können Sie sich an den bereits vorgestellten Kriterien für Spiel orientieren. Zusätzlichen zeigen wir Ihnen im Folgenden klassische Spiele, die Hunde untereinander spielen, und woran sie diese erkennen.

Solitäre Objektspiele und Bewegungsspiele

Hunde lieben Spielzeuge. Obwohl viele Hunde gerne allein mit ihrem Spielzeug spielen, wird das begehrte Objekt auch häufig als „Katalysator“ eingesetzt, um seinen Spielpartner zu einem Sozialspiel aufzufordern. Fremde Spielzeuge oder Objekte werden übrigens zunächst gründlich beschnüffelt und untersucht, ehe sie zum Spiel verwendet werden. Eine solche Erkundung stellt sicher, dass keine Gefahr von dem Objekt ausgeht. Das Spielzeug kann dann im Spiel mit einem Spielpartner sowohl als Zerrspiel als auch als Keep-Away (Objekt wird bewacht, der andere versucht es zu erobern) oder Rudeljagd (der Hund mit dem Spielzeug wird vom anderen Hund ohne Spielzeug gejagt) eingesetzt (Gansloßer und Käufer, 2017, 2022).

Auch ohne Spielzeug lässt es sich wunderbar mit den Artgenossen spielen. Rauf- und Verfolgungsspiele gehören zu den Lieblingsspielen der meisten Hunde. Neben entspanntem Maulrangeln in Rücken oder Seitenlage, über wilde Verfolgungsspiele bis hin zur Hochkampfstellung auf zwei Beinen können diese Spielformen wild gemixt auftreten und immer wieder im Verlauf des Spiels wechseln. Auch das sogenannte „King of the Castle“-Spiel, bei dem ein Hund seinen meist erhöhten Platz bewacht, z.B. das Sofa, kann häufig beobachtet werden. In Hundeschulen sind es oft Plätze wie das Bällebad, das Agility-Podest oder der Tunnel, die als heiß begehrter Aufenthaltsort „umkämpft“ werden. Übrigens treten gerade im Spiel unter heranwachsenden Hunden immer mal wieder Pseudosexualspiele auf, in denen Verhaltensweisen aus dem Funktionskreis des Fortpflanzungsverhaltens gezeigt werden, z.B. Aufreiten von der Seite, von vorne, hinten und gepaart mit Beckenstößen.

Tipp: In Gansloßer & Käufer, 2017 und 2022 finden Sie eine Auflistung der Spielformen nach dem Entwicklungsstand der Welpen bei verschiedenen Rassen.

Auch draußen können Objekte benutzt werden, um einen Artgenossen zum Spielen aufzufordern. Foto: Sarah Mertes

Foto: © Karoline Thalhofer/stock.adobe.com

Machen Sie es besser!

Trainer-Mythos	Problem	Mach es besser!
Der Hundehalter muss das Spiel beenden.	Ständiger Spielabbruch durch den Hundehalter stresst den Hund und er wird die Lust am Spiel verlieren.	Hin und wieder beenden wir das Spiel. Jedoch muss auch Ihr Hund das Spiel regelmäßig anfangen und beenden dürfen.
Hund beim Spiel nicht gewinnen lassen.	Der Hund verliert schnell die Lust am Spiel. Wer will schon immer verlieren?	Albernheit und auch mal den Schwachen spielen, das macht einen großartigen Spielpartner für Ihren Hund aus. Es ist schlichtweg nicht nötig, immer den Gewinner zu spielen. Ihr Hund wird dadurch nicht die Weltherrschaft für sich beanspruchen!
Nicht auf Spielaufforderungen des Hundes reagieren.	Ihr Hund gibt irgendwann auf und fordert Sie nicht mehr zum Spielen auf. Dadurch verliert Ihr Hund die Fähigkeit von Einfühlungsvermögen, was eine sehr wichtige Eigenschaft ist.	Nicht immer, aber dann, wenn Sie Zeit und Lust haben, sollten Sie auf die Spielaufforderung Ihres Hundes eingehen. Ihr Hund wird kreativ und zeigt viele verschiedene Formen der Aufforderung, z.B. Spielzeug herumwerfen, Anstupsen oder Blickkontakt zwischen Spielzeug und Ihnen aufnehmen. Natürlich dürfen Sie auch mal „Nein“ sagen, wenn Sie keine Lust auf ein gemeinsames Spiel haben.
Den Hund im Spiel nicht die Oberhand übernehmen lassen.	Ständige Kontrolle im Spiel schüchtert Ihren Hund ein, sein Stresshormonpegel steigt und er verliert den Spaß.	Gerade im Sozialspiel ist ein Rollenwechsel unerlässlich und sorgt bei Hund und Mensch für die richtige Spiellaune. Ihr Hund lernt außerdem seine Kräfte im Spiel mit Gefühl einzusetzen. Wenn es mal zu heftig wird, dürfen Sie das Spiel natürlich unterbrechen. Nach einer kurzen Pause sollte Ihr Hund jedoch die Chance bekommen, es wieder gutzumachen.

7. Hundeglück – das Märchen der Auslastung

Foto: © Milan/stock.adobe.com

Das Thema „Auslastung“ und Beschäftigung ist eines der am meisten diskutiertesten Themen in der Hundehaltung. Der Glaube an eine vermeintlich artgerechte Auslastung, als Geheimzutat für das erfüllte Hundeglück, ist jedoch fraglich, zumal Ihr Hund keine Maschine ist, die ausgelastet werden muss, damit sie sich finanziell lohnt. Haben wir nicht in den letzten Kapiteln gelernt, dass zu einem glücklichen Hundeleben viel mehr gehört als nur ein gemeinsames Hobby? Neben Vorschlägen von Hundezüchtern, Trainern und Tierärzten wirft auch die Politik mit Meinungen, Ratschlägen und zu guter Letzt pauschalisierenden Regeln um sich. Vorschläge für die Dauer und Häufigkeit des Spaziergangs sowie Hundesportarten, die bestimmte Rassen unbedingt ausführen sollten, um artgerecht beschäftigt zu werden, sollen neuen Hundehaltern einen Ausblick auf die Alltagsgestaltung mit ihrem Hund geben. Aber was, wenn die Persönlichkeit, der Gesundheitszustand oder eben die derzeitige Lebenssituation nicht zu den Vorgaben passen? Verhaltensbiologen und Experten aus dem Verhaltensbereich „Hund“ stehen den aktuellen Entwicklungen und Vorschlägen für die vermeintlich „artgerechte Auslastung“ von Hunden kritisch gegenüber. Vielmehr muss ein Verständnis der grundlegenden Bedürfnisse des Hundes geschaffen werden und die Wahl der passenden Beschäftigung mit Persönlichkeit und Gesundheitszustand des Hundes abgestimmt werden. Weg vom Vergleich zwischen Wolf und Hund, hin zu Beobachtungen an wirklich frei lebenden Hunden, soll Licht ins Dunkel bringen und uns verraten, wie ein erfülltes und glückliches Hundeleben aussehen kann.

Was uns Straßenhunde lehren

Eine „artgerechte“ Beschäftigung für seinen Hund zu finden, ist schwierig, wenn wir ihn mit dem Wolf vergleichen. Wie wir bereits in früheren Kapiteln erfahren haben, ist unser Haushund kein Wolf und Letzterer kann somit keinen Aufschluss über eine „hundgerechte“ Beschäftigung geben. Besseren Aufschluss über das natürliche Verhalten und Aktivitätsbudget liefern hingegen eine Vielzahl an Beobachtungen von Straßen- und Streunerhunden (Gansloßer, 2018). Ein Hundeleben auf der Straße, und ohne menschlichen Einfluss, verläuft ruhig. Aktivitätserfassungen mit Radiohalsbändern konnten aufzeichnen, dass die Straßenhunde 48–50% der Zeit mit Ruhen verbrachten, wenn sie älter waren, sogar bis zu 70%. Soziale Aktivitäten stehen hingegen im Fokus der Hunde. Dem gemeinsamen Spielen, Kuscheln und der sozialen Körper-

pflege werden täglich mehrere Stunden gewidmet. Regelmäßige Spaziergänge, wie wir sie aus dem Alltag vieler Hundehalter kennen, nehmen lediglich 12% des Tages in Anspruch. Interessant ist auch, dass Hunde, die abseits des Menschen leben, selten kooperative Jagdgemeinschaften eingehen und sich hauptsächlich als opportunistisch suchende Gemischtköstler von Kleintieren, Aas, Müllresten und Pflanzenteilen ernähren. Lange Jagdeinheiten durch das Streifgebiet sind demnach ebenfalls selten und gehören nicht zur Tagesroutine der Streuner- und Straßenhunde. Wenn ein Hund allein unterwegs ist und einen Happen findet oder frisst heißt das nicht, dass er keine Bindung zur Gruppe hätte (das gilt übrigens auch für Wölfe!).

Natürlich bedeutet das nicht, dass Sie nie wieder mit Ihrem Hund spazieren, gehen sollen. Wichtig ist aber, dass Sie ein Bewusstsein dafür bekommen, was wirklich im Leben Ihres Hundes zählt. Ihr Hund muss nicht ausgelastet werden, sondern die Möglichkeit bekommen, bestimmte biologisch sinnvolle Beschäftigungen auszuüben. Das können neben einem gemeinsamen Spiel, Spaziergängen mit ausreichend Schnüf-

Gemeinsame Ausflüge sind nur toll, wenn sie etwas Besonderes bleiben und nicht alltäglich werden.

Foto: Sarah Mertes

fel- und Beobachtungspausen, die soziale Interaktion mit anderen Hunden sowie der eigenen Bindungsperson sein. Ob Trainingsmaßnahmen und Ausbildungsprozesse in diesem Zusammenhang wirklich sinnvoll sind, wird derzeit noch diskutiert. Eine Studie an Rettungshunden konnte sogar zeigen, dass Rettungshunde, die viele Stunden mit ihrem Menschen zusammenarbeiten, im Durchschnitt keine bessere Bindung zu ihrem Menschen haben als Familienhunde (vgl. Gansloßer und Kitchenham, 2019). Trotzdem dürfen wir Sie an dieser Stelle beruhigen, denn wie bereits im Kapitel „Was Mensch und Hund verbindet“ erwähnt, kann das gemeinsame Training in Verbindung mit gemeinsamen Erfolgserlebnissen zur Verbesserung der Mensch-Hund-Bindung beitragen.

Das SCAN-Prinzip – oder auch die Frage nach der artgerechten Hundehaltung

Die Frage, welche Bestandteile eine sogenannte artgerechte Hundehaltung,

Die Straßenhunde von Marokko verbringen ihre Tage am liebsten damit, auf die Mittagspause der Surfer zu warten, um ein paar Reste abzubekommen. *Foto: Sarah Mertes*

oder überhaupt eine artgerechte Tierhaltung, beinhalten müsste, beschäftigt nicht nur Verhaltensbiologen, sondern auch Juristen, Tierschutzethiker und andere Berufsgruppen. Unabhängig von der Tatsache, dass der Artbegriff in der Biologie durchaus wechselnde Bedeutung haben kann, ist auch das Verhalten einer Tierart oder sogar das Verhalten individueller Populationen, Gruppen etc. so variabel, dass eine einschlägige Festlegung fast nicht möglich ist.

Bemerkenswerterweise findet sich der Begriff artgerechte Haltung auch nicht im deutschen Tierschutzgesetz. Lediglich in Bezug auf die Ernährung wird von der Verpflichtung des Tierhalters gesprochen, ein Tier seiner Art gemäß zu verpflegen. In einigen obergerichtlichen bzw. höchst richterlichen Entscheidungen wurde versucht, den Begriff der artgerechten Tierhaltung am Ethogramm, also an den einer Tierart potenziell zur Verfügung stehenden Verhaltensmustern, festzumachen. Je mehr Elemente aus dem Verhaltenskatalog ein Tier zeigen könnte, desto artgerechter wäre diese Haltung.

Demgegenüber versuchen moderne Auffassungen in der Verhaltensbiologie und Tierschutzforschung, sich mehr am Erfolg des Verhaltens als nur am reinen Ausübenkönnen zu orientieren. Eine besonders tier- und verhaltensgerechte Haltung wird deshalb daran gemessen, wie viele Verhaltenselemente ein Tier selbstwirksam, erfolgreich und zur Kontrolle seiner eigenen Lebensumstände ausführen kann. Kontrolle über die eigenen Lebensumstände zu haben, bedeutet nebenbei nicht, dass man machen kann, was man will. Es bedeutet nur, dass man sinnvolle Ursache-Wirkung-Beziehungen herstellen kann, dass man also weiß, wenn man etwas Bestimmtes tut (oder unterlässt), wird von der Umwelt, vom Sozialpartner oder anderen Faktoren außerhalb des eigenen Körpers, eine berechenbare Reaktion erfolgen. So kann auch in einer Dominanzbeziehung der Untergeordnete Kontrolle über sein Leben ausüben, wenn er oder sie eben weiß, mit welchen Verhaltensweisen man den Ranghöheren zufriedenstellen und mit welchen man ihn aber auch provozieren kann. Der britische Tierschutzforscher Trevor Poole hat die Anforderungen an eine solche, durch Selbstwirksamkeit und eigene Kontrollierbarkeit charakterisierte Tierhaltung als SCAN-Prinzip beschrieben.

SCAN-Prinzip

Die vier Buchstaben SCAN stehen hierbei für folgende Punkte:
Security = Sicherheit
Complexity = Komplexität
Achievement = selbstverschaffbare Erfolgserlebnisse
Novelty = Neuheiten

Der Begriff der Sicherheit ist hier nicht nur rein in Bezug auf Rückzugsorte, ungestörte Ruheplätze, Versteckmöglichkeiten etc. zu sehen. Zur Sicherheit gehört eben auch die Planbarkeit des Alltags, das Wissen, dass man regelmäßig mit Futter versorgt wird, die Verlässlichkeit des Hundehalters als Leitfigur und viele andere Aspekte mehr.

Komplexität ist ebenfalls nicht nur über einen gestalteten Lebensraum mit möglichst vielen verschiedenen Gegenständen darin (man denke an die oftmals mit Sportgeräten überfrachteten Welpengärten) zu erreichen, sondern auch durch einen abwechslungsreich und mit unterschiedlichen Herausforderungen strukturierten Alltag. Abwechslungsreiche Spaziergänge in unterschiedlichen Gebieten, mit unterschiedlichen Aktivitäten des Halters und dabei eben vor allem auch Denksportaufgaben und sonstige, von der Routine abweichende Erlebnisse sind damit gemeint.

Die selbstverschafften Erfolgserlebnisse sind ein wichtiger Bestandteil. Auch in Bezug auf eine tier- und verhaltensgerechte Zootierhaltung wurde in diesem Zusammenhang beispielsweise über Training, Dressuren und Tricks etc. immer wieder nachgedacht. Die britische Verhaltensbiologin Vicki Melfi hat zur Frage, ob Training, Dressuren und Tricks als Beschäftigungsprogramm für Zootiere dienen könnten, ausführlich Stellung genommen. Ihrer Ansicht nach sind solche Trainingsmaßnahmen als Beschäftigungs- und Verhaltensbereicherungsprogramm nur so lange wirksam, wie das Tier sich in der Lernphase befindet. Sobald der Trick einwandfrei beherrscht wird, und sozusagen auf Kommando jederzeit abrufbar ist, kann er als Beschäftigungs- und Bereicherungsprogramm nicht mehr dienen, da das Tier keine neuen Erfahrungen mehr machen kann. Das bedeutet auch für unsere Hunde, dass „Trickdog“ und ähnliche Aktivitäten zwar durchaus positive Auswirkungen für ihn haben können, je besser der Hund aber den Trick beherrscht, umso weniger Abwechslung und Komplexität bietet ihm das Training dann im Alltag. Die selbst verschafften Erfolgserlebnisse werden am besten dadurch erreicht, dass der Hund immer wieder neue, durchaus schwierige, aber eben gerade noch lösbare Aufgaben bewältigt.

Neues und Abwechslung sind durch verschiedene Maßnahmen im Alltag erreichbar, hierzu gehören immer wieder andere Spiele und Beschäftigungen und auch unterschiedliche Reize und Spazierwege. Noch an einer anderen Stelle lohnt es sich durchaus, sich auf die Zootierbeschäftigung als vergleichbares Problemfeld zu konzentrieren: Viele Experte betonen immer wieder, dass die beste und umfassendste Beschäftigung für ein Tier im Zoo einer arttypische Sozialstruktur entspricht. Gerade sozial komplexe Arten, wie etwa Affen, Menschenaffen, Elefanten oder eben auch die Hundeartigen, sind mit Futtersuchen und ähnlichen Maßnahmen nur teilweise zu beschäftigen oder zu fordern. Sozialverhalten in seiner ganzen Komplexität, die Bewertung sozialer Kommunikation des Partners, die eigene, durch Kommunikation mitgeteilte soziale Absicht, alles das zählt viel mehr. Und dementsprechend sollten wir uns bemühen, unseren Hunden durch eine arttypische Sozialstruktur, und das bedeutet auch ein abwechslungsreiches Zusammenleben mit vielfältiger Beziehungsgestaltung, sozialen Wohlfühlelementen, Stimmungsübertragung und ähnlichen Faktoren zu bieten, und sie nicht einfach nur stupide Futter suchen zu lassen. Was nicht bedeutet, dass Futtersuchbeschäftigungen und ähnliche Aktivitäten einen Hund nicht auch herausfordern können, besonders dann, wenn seine Nase oder andere Sinnesorgane erfolgversprechend eingesetzt werden. Reichen aber wird ihm das nicht, wenn nicht gleichzeitig die sozialen Anforderungen erfüllt werden.

Neue Wege auf dem Spaziergang zu erkunden und Beobachtungspausen zu machen, sind eine tolle Art der Beschäftigung.

Foto: © Karoline Thalhofer/stock.adobe.com

Life-Dog-Balance – zu wenig oder zu viel?

Das richtige Maß zu finden, ist nicht nur in der Work-Life-Balance für viele Menschen schwierig, sondern auch in der Life-Dog-Balance. Denn sowohl eine Überbeschäftigung als auch eine Unterbeschäftigung bringt Folgen mit sich und sollte vermieden werden. Die in Deutschland derzeit geltende Hundeverordung sagt aus, dass „einem Hund [...] ausreichend Auslauf im Freien außerhalb eines Zwingers [...] zu gewähren [...]“ ist. Außerdem muss dem Hund „[...] mehrmals täglich in ausreichender Dauer Umgang mit der Person, die den Hund hält, betreut oder zu betreuen hat (Betreuungsperson) Kontakt gewährt werden [...]“. Zudem sind „[...] Auslauf und Sozialkontakte [...] der Rasse, dem Alter und dem Gesundheitszustand des Hundes anzupassen [...]“ (Bundesministerium der Justiz, 2021). Diese Vorgaben sind nicht verhandelbar, wo sie präzise Angaben machen. Sie bieten jedoch an einigen Stellen großen Raum für persönliche Anpassung und individuelle Auffassung. Genaue Angaben darüber, in welcher Form und wie lange der Hund Auslauf bekommen soll, wird derzeit noch nicht angegeben. Der Kennel Club aus England gibt zwar genauere Zeitempfehlungen für die Aktivitätsdauer der jeweiligen Hunderassen, jedoch fehlt auch dort ein Hinweis auf die Art der Aktivität. Eine aktuelle Studie aus Deutschland konnte zeigen, dass Hundehalter im Durchschnitt pro Woche über zehn Stunden mit ihrem Hund spazieren gehen und sich insgesamt mehr als 13 Stunden pro Woche mit ihm bewegen (Hielscher-Zdzieblik et al., 2022). In Deutschland gibt es derzeit kaum Studien, die sich mit dem Aktivitätsverhalten von Hunden oder Länge von Spaziergängen beschäftigen. Erste Ergebnisse zeigen jedoch bereits, dass besonders Hundespaziergänge ein extremes Ausmaß annehmen können, obwohl zusätzlich noch andere hundesportliche Aktivitäten hinzukommen (siehe Gansloßer & Käufer, 2017, 2022). Zwar weisen viele Studien daraufhin, dass die Aktivität mit Hund einen positiven Einfluss auf die Hundehalter hat, allerdings ist bisher nur wenig darüber bekannt, ob sich Spaziergänge auch positiv auf die Gesundheit und das Verhalten von Hunden auswirken. Einen Zusammenhang zwischen häufigen und lang andauernden Spaziergängen und erhöhten Unaufmerksamkeitswerten in Bezug eines auf Hunde angepassten ADHS-Fragebogens zeigte Hoppe et al., (2017). Natürlich betonen auch viele Studien, dass körperliche Aktivität einen durchaus positiven Effekt auf den Hund hat, jedoch ist unbedingt auf ausreichend lange Erholungsphasen zu achten. In Anbetracht der vielen Beobachtungen von Straßenhunden wird schnell deutlich, dass die körperliche

Aktivität im Tagesablauf eines Hundes eine geringere Rolle spielt, als die sozialen Interaktionen in der Gruppe und Ruhephasen, die einen größeren Anteil des Tages einnehmen. Auch im Hinblick auf die Entstehung von ADHS-typischem Verhalten beim Hund zeigt sich, dass soziale Faktoren eine bedeutende Rolle spielen und regelmäßiger Sozialkontakt zu geringeren Unaufmerksamkeitswerten führen (Hoppe et al., 2017). Sicherlich mit verantwortlich dafür ist unser Bindungs- oder Kuschelhormon Oxytocin, welches auch an der Regulation bzw. Verringerung negativer, emotionaler Zustände beteiligt ist.
Um dieses Wissen im Alltag anzuwenden, ist es wichtig, dass Sie ein Gespür für Ihren Hund bekommen. Hunde, die von sich aus zu erhöhter Aktivität neigen und sie auch einfordern, dürfen und müssen genügend Ruhephasen bekommen, auch wenn Sie Ihren Hund dazu zunächst zwingen müssen. Ein tägliches Ruheritual kann dabei unterstützen. Hunde, die von sich aus sehr ruhig sind, dürfen auch von Ihnen aktiviert werden, um Übergewicht und Trägheit zu vermeiden. Für beide Hundetypen gibt es natürlich auch geeignete Beschäftigungsformen, die Sie mit Ihrem Hund ausüben können. Welche das sind erfahren Sie im nächsten Teilkapitel.

Nicht jede Beschäftigung ist für jeden Persönlichkeitstyp geeignet. *Foto: Frederike Spyrka*

Welche Beschäftigung passt zu welchem Persönlichkeitstyp?

In jedem Rassehundebuch werden Sie bestimmte Beschäftigungsformen finden, die angeblich für diese oder jene Rasse besonders gut geeignet sind. Doch darauf wollen wir in diesem Kapitel nicht weiter eingehen. Da es neben Rassehunden auch eine große Zahl Mischlinge aus dem In- und Auslandstierschutz gibt und neue „Rassetrends“ weniger mit dem ursprünglichen Arbeitsziel einer Rasse als mit dem modischen Aussehen zu tun haben, möchten wir uns hier den Persönlichkeitstypen widmen.
Übergeordnet gibt es zwei unterschiedliche Persönlichkeitsmerkmale, die wir als A- und B-Typ bezeichnen.

Den A-Typen erkennen Sie vor allem daran, dass er meist vorwärtsorientiert ist. Mit der „Mit dem Kopf durch die Wand“-Mentalität zeigt sich unser wagemutiger A-Typ-Hund stets neugierig, er hat Freude daran, Neues zu erkunden, sucht das Abenteuer und hinterfragt gerne mal seine Grenzen, ist aber recht schnell frustriert, wenn etwas nicht gleich nach seiner Nase läuft. In Stresssituationen aktiviert er vorwiegend das Kampf-Flucht-System, mit dem Adrenalin und Noradrenalin. Wegrennen oder Angreifen sind hier aktive Ansätze zur Problemlösung. Ganz anders verhält sich der scheue oder auch submissive B-Typ. Mit der „Stille Wasser sind Tief“-Mentalität zeigt sich ein eher bedachtes, aber eigenständiges Handeln, nachdem die Situation zunächst am Rande beobachtet wurde. In Stresssituationen ist hier vorwiegend das Cortisol-System aktiv. Dieses System sorgt für die eher zögerliche reaktivere Stressantwort und kann, falls etwas zu tun eben ohnehin keinen Erfolg verspricht oder zu versprechen scheint, zur erlernten Hilflosigkeit führen.

Erlernte Hilflosigkeit

Erlebt ein Tier ständig Misserfolge, z.B. weil eine Aufgabe zu schwierig oder gar unlösbar ist, der Beziehungspartner ständig anders und unvorhersehbar reagiert, führt dieser Misserfolg zum Aufschaukeln der Glucocorticoidwerte und kann zu Lern- und Konzentrationsschwächen sowie zu Depressionen und auch sozialer bzw. Bindungsunfähigkeit führen.

Es ist wichtig, dass keiner der beiden Persönlichkeitstypen besser oder schlechter ist und auch weitere Persönlichkeitsmerkmale, Erfahrungen und Umwelteinflüsse das Verhalten beeinflussen können. Die passende Beschäftigung für Ihren Hund zu finden, kann eine Möglichkeit sein, bestimmte Persönlichkeitseigenschaften zu stärken oder auszugleichen. Für einen ohnehin leicht erregbaren Hund ist das klassische Bällchenspiel nicht nur vollkommen ungeeignet, sondern birgt neben der Suchtgefahr auch noch die Gefahr von schweren Beißunfällen. Gerade Hunderassen, deren Arbeit ursprünglich aus Teilen des Jagdverhaltens stammt, sind besonders anfällig für das Verfolgen von schnellen Reizen und bergen ein zusätzliches Risiko für Beißvorfälle. Auch das durchaus begehrte Frisbeespielen ist hier ein eher ungeeignetes Hobby. Besser sind Beschäftigungen, die den Einsatz von Nase und Gehirn fordern. Neben kontrollierter Apportierarbeit, bei der

ein großes Maß an Impulskontrolle trainiert wird und eben keine Freiverlorensuche stattfindet, kann auch die Gegenstandssuche mit korrektem Einweisen eine geeignete Beschäftigung für einen neugierigen A-Typen sein. Wichtig ist, dass der Hund hierbei durch seinen Halter angeleitet wird. Hunde, die zudem sehr nach außen orientiert sind und ihrem Besitzer nur wenig Aufmerksamkeit zeigen, können mithilfe der „Do as I do-Methode (Mach es mir nach-Methode)“ oder durch therapeutisch-entschleunigtes Longieren die Aufmerksamkeit und Beobachtungsgabe verbessern und gleichzeitig mehr Qualität in ihre Mensch-Hund-Beziehung bringen.
Für eher unsichere Hunde und/oder solche, die ohnehin in einer unsicher-ambivalenten Bindung ständig ihre Menschen im Blick haben, sind dagegen Freiverlorensuche, Flächensuche, Mantrailing, Trickdogging mit freiem Formen und komplizierte Intelligenzapperaturen sehr gut. Wichtig ist hier, dass darauf geachtet wird, den Schwierigkeitsgrad an den Hund anzupassen und den Trainingsfortschritt langsam zu erhöhen. Haben Sie einen sehr unabhängigen Hund, der stark außenmotiviert ist, sollten Sie besonderen Wert auf Beschäftigungen legen, die die Mensch-Hund-Beziehung fördern und bei der Sie als Team zusammenarbeiten müssen z.B. Tricktraining (ohne freies Formen). Beschäftigungen, bei denen selbständiges Arbeiten gefordert wird z.B. Mantrailing und andere Such- und Apportiertätigkeiten, können diesen Außenfokus weiter verstärken, außer der Hund wird konkret von seinem Halter eingewiesen.

Zu beachten ist, dass beide Typen auch beim Lernen und Belohnen unterschiedlich reagieren: Der A-Typ motiviert sich schon bei der Arbeit selbst und sollte dafür am Ende eher entschleunigt belohnt werden z.B. durch ruhiges Streicheln und mit einem ruhigen verbalen Lob. Der B-Typ hingegen braucht mehr Anfeuerung und Zwischenmotivation, kann aber nach erfolgreicher Arbeit mal Party feiern.

Fragen Sie sich immer, ob Ihrem Hund die Beschäftigung Spaß macht und vor allem auch guttut! Foto: Juliane von Ohr

Die Entscheidung zu einer Hundesportart, wie z.B. Agility, Obedience oder Turnierhundesport, sollten Sie immer von den Persönlichkeitsmerkmalen Ihres Hundes abhängig machen und auch zwischendurch reflektieren. Wenn Ihr Border Collie z.B. überdurchschnittliche Leistungen beim Agility zeigt, sich jedoch auf und auch abseits des Parcours immer mehr zum impulsiven Fersenbeißer entwickelt, müssen Sie etwas ändern. Das Wichtigste ist zwar, dass Sie bei jeder Art von Beschäftigung darauf achten, dass Sie Ihrem Hund und Ihnen Freude und Wohlbefinden bereitet, jedoch kann nur ein geschultes Auge die echte Freude am sinnvollen Sport oder Hobby vom bereits in Suchtnähe befindlichen „Triebschwein“ unterscheiden! Nur, wenn die Beschäftigung der Persönlichkeit Ihres Hundes gerecht wird, werden Sie den Mehrwert einer gemeinsamen Aufgabe auch bemerken.

Der Dogaholic – Hunde im Job und Leistungssport

Wie wir bereits gesehen haben, gibt es viele verschiedene Möglichkeiten, wie wir uns mit unserem Hund beschäftigen können. Doch neben dem klassischen Familienhund, mit dem man ein gemeinsames Hobby betreibt, gibt es auch echte Dogaholics. Hunde mit einem richtigen Job finden wir sowohl bei der Polizei, beim Zoll und der Bundeswehr sowie als echte Alltagshelden im Assistenzhundedienst. So ein „richtiger“ Job bedeutet für ein Hundeleben, dass der Hund einer Verpflichtung nachgehen muss, für die er zuvor ausgebildet wurde. Nicht jeder Hund ist den Anforderungen eines echten Jobs gewachsen, daher ist es auch bei der Wahl eines Assistenz- oder Polizeihundes wichtig, neben den gesundheitlichen Aspekten, auf die verschiedenen Persönlichkeitsmerkmale des Hundes zu achten. Wie genau ein solcher Test auszusehen hat, wird seit Jahren stark diskutiert. Einige Arbeiten konnten zeigen, dass die Einschätzung der Persönlichkeit eines Hundes erst ab einem Alter von ca. 18–21 Monaten stattfinden kann und das nach wiederholbaren Beurteilungen. Ein einziger Eignungstest reicht für eine statistisch zuverlässige Beurteilung der Tauglichkeit keinesfalls aus (vgl. Gansloßer und Kitchenham, 2019). Hat ein Hund seine Tauglichkeit bewiesen, kann trotzdem nie sichergestellt werden, ob er seinen Job ein Hundeleben lang ausführen wird. Belastungen am Arbeitsplatz wie z.B. erhöhte Stressbelastung oder die physiologische Belastung können für eine verfrühte Freistellung des Dogaholics sorgen. Damit der Hund mit Job ein langes und glückliches Leben führen kann, braucht auch er Pausen im Familienverband. Regelmäßige Auszeiten vom Job und ein Zuhause, wo man Hund sein kann, sind nicht nur wichtig für die Trainings- und Arbeitsleistung, sondern können das Auftreten von Verhaltensauffälligkeiten, wie ein erhöhtes Aggressionsverhalten, verringern. Hunde außerhalb der Arbeit in einem Zwinger zu halten, beeinträchtigt ihr Wohlbefinden, erhöht ihren Stresspegel und führt nachweislich zu einem erhöhten Beißrisiko sogar gegen den eigenen Menschen. Der Aspekt der Mensch-Hund-Beziehung sollte keinesfalls vergessen werden, wenn der eigene Hund plötzlich zum Kollegen oder Assistenten wird. An dieser Stelle ist es wichtig zu erwähnen, dass auch ein Hund, der Leistungssport betreibt, ähnlich hohe Belastungen wie ein Diensthund haben kann. Auch hier gilt es, die Balance zu finden und neben der Arbeit an sportlichen Zielen, die Mensch-Hund-Beziehung nicht zu vernachlässigen. Kuscheln, spielen oder gemeinsam auf dem Sofa liegen, tut auch dem besten Spitzensportler gut.

Falscher Ehrgeiz im Hundesport kann fatale gesundheitliche Folgen haben.

Foto: Frederike Spyrka

Entspannung und Entschleunigung im Alltag (Praxisübungen)

Das richtige Maß zwischen Be- und Entschleunigung zu finden, ist manchmal gar nicht so leicht. Besonders mit einem Hund, der sehr impulsiv und schnell erregbar ist, und kaum zur Ruhe kommt, fällt es uns schwer, Erregung mit Ruhe zu stoppen. Wir glauben, dass unser Hund noch nicht genug spazieren war oder noch nicht genug beschäftigt oder eben fälschlicherweise nicht „ausgelastet" ist. Doch je mehr wir unseren Hund nun weiter beschleunigen, desto mehr wird er auch in Zukunft an Beschäftigung einfordern.

Daher ist es wichtig, dass Sie Ihrem Hund auch beibringen zu ruhen. Einige Tipps, wie Sie Ihren Hund „entschleunigen“ können, haben wir Ihnen in diesem Kapitel aufgelistet.

Ruheimpulse durch Stand-by-Übung

So geht's:

- Suchen Sie sich einen ruhigen Ort, wo Sie und Ihr Hund sich gerne aufhalten.
- Bringen Sie Ihren Hund in eine sitzende Position und setzen Sie sich hinter ihn.
- Legen Sie beide Hände mit leichtem Druck auf die Brust Ihres Hundes und streichen Sie ganz langsam die Beine hinab bis zu seinen Pfoten.
- Unten angekommen, legen Sie zunächst eine Hand wieder an der Brust an, während die andere noch den Kontakt an den Pfoten hält.
- Erst jetzt folgt die zweite Hand und der Vorgang wird einige Male wiederholt.

Tipp: Diese Übung sollte nur dann durchgeführt werden, wenn Sie selbst ruhig und entspannt sind. Ihre Stimmung kann die Ihres Hundes beeinflussen.

Cavaletti-Lauf

So geht's:

- Legen Sie vier Cavalettistangen (alternativ Besenstiele) flach auf den Boden.
- Leinen Sie Ihren Hund an.
- Führen Sie Ihren Hund langsam über die Cavalettis und achten Sie darauf, dass Ihr Hund eine Pfote nach der anderen über die Stangen hebt. Je langsamer und sorgsamer desto besser!

Tipp: Bei sehr unruhigen Hunden kann es helfen, die Übung mit Kopfhalfter und Geschirr durchzuführen.

Der Achtsamkeits-Spaziergang

So geht's:

- Nehmen Sie sich für den Spaziergang eine Strecke von zirka einem Kilometer vor. Gehen Sie den Spaziergang langsam und bauen Sie Pausen ein, in denen Sie die Umgebung beobachten, Ihren Hund schnüffeln lassen und bewusste Ruhephasen einlegen, indem Sie z.B. auf einer Bank Platz nehmen, Ihren Hund anleinen und mit ihm in die Ferne schauen.

Versuchen Sie im Alltag solche Übungen immer wieder einzubauen, um Ihren Hund und sich selbst zu entspannen. Wenn Sie mit Ihrem Hund ein aktives Hobby betreiben, bei dem Schnelligkeit und Dynamik gefragt sind, kann es helfen, manche Übungen zu entschleunigen. Probieren Sie doch mal aus, den Agility-Parcours so langsam wie möglich zu durchlaufen oder den Treibball gezielt und langsam durch einen Slalom ins Tor zu bringen. Neben dem Ziel der Entschleunigung fallen so kleine Fehler auf und helfen Ihnen, im Training Fortschritte zu machen.

Machen Sie es besser!

Trainer-Mythos	Problem	Mach es besser!
Den Hund auslasten, damit er müde ist.	Ein Hund ist keine Maschine, die ausgelastet werden muss, damit sie sich lohnt. Je mehr der Hund bewegt und aktiviert wird, desto mehr wird er dies auch fordern.	Von Beginn an Ruhepausen schaffen, auch wenn der Hund diese noch nicht selbst einfordert.
Jeden Tag mindestens 1,5–2 Stunden spazieren gehen.	Nur der Spaziergang allein, kann kein Maß für ausreichende Beschäftigung sein. Auch ein Spaziergang kann für den Hund eintönig und langweilig sein. So kann selbst ein zweistündiger Spaziergang nicht alle Bedürfnisse Ihres Hundes erfüllen.	Eine gute Mischung aus körperlicher und mentaler Beschäftigung und ausreichend Ruhepausen. Der Spaziergang kann auch kürzer ausfallen, wenn andere Aktivitäten am Tag stattgefunden haben, die die Bedürfnisse Ihres Hundes erfüllt haben z.B. Hundesport oder ein Tag im Garten.
Eine aktive Rasse braucht ein aktives Hobby.	Besonders Hunde, die schnell auf bewegte Reize reagieren können bei Beschäftigungen, wie Ball werfen, Agility oder Flyball ein Risiko für Beißunfälle werden. Unsichere und zurückhaltendere Hunde, sind bei schwierigen Aufgaben schnell überfordert und neigen zur erlernten Hilflosigkeit.	Das Hobby für den Hund sollte vor allem aufgrund seiner Persönlichkeitsmerkmale ausgewählt werden und für einen Ausgleich sorgen.
Gemeinsame symbolische Jagd fördert die Bindung.	Gruppenjagd ist nach neueren Erkenntnissen für Hunde äußerst selten. Denn nicht die gemeinsame Jagd, sondern eher noch das gemeinsame Verteidigen von Ressourcen sorgen für einen Zusammenschluss bei Hundeartigen (siehe Gansloßer & Kitchenham, 2017).	Die emotionale Komponente ist für die Bindung zwischen Mensch und Hund viel bedeutender als die gemeinsame Beschaffung von Beute. Die gemeinsame Zeit mit Ihrem Hund, die Sie mit Sozialspiel, Kuscheln und „verrückten fünf Minuten“ miteinander verbringen, ist es, die auf Ihr gemeinsames Beziehungskonto einzahlt.

8. Die Kastration der Hunde – Sinn oder Unsinn?

von Carina Kolkmeyer

Soll ich meinen Hund kastrieren lassen oder lieber nicht? Diese Frage stellt sich nahezu jeder Hundebesitzer mindestens ein Mal in seinem Leben. Eine Entscheidung für die Kastration wird aus den verschiedensten Gründen getroffen. Bei der Hündin sind es vorrangig medizinische Gründe bzw. der Präventionsgedanke dahinter, um möglichen Krankheiten vorzubeugen. Beim Rüden sind es in erster Linie Verhaltensgründe/-problematiken oder Haltergründe, die zu einer Kastration veranlassen.

Doch was ist dran am Mythos Kastration?

Lassen sich durch eine Kastration wirklich das Verhalten und die Gesundheit eines Hundes positiv beeinflussen? Die Zahl an Studien, die sich genau mit diesen Fragestellungen befassen, wächst stetig an. Bevor die Auswirkungen einer Kastration abgewogen werden können, sollte man die physiologischen bzw. anatomischen Vorgänge in den Blick nehmen. An dieser Stelle sollte vor allem noch erwähnt werden, dass es laut Deutschem Tierschutzgesetz nicht erlaubt ist, Hunde ohne tierärztliche Indikation zu kastrieren. Unter § 6 Abs. 1 TierSchG steht dazu: „(1) Verboten ist das vollständige oder teilweise Amputieren von Körperteilen oder das vollständige oder teilweise Entnehmen oder Zerstören von Organen oder Geweben eines Wirbeltieres. Das Verbot gilt nicht, wenn der Eingriff im Einzelfall a) nach tierärztlicher Indikation geboten ist (...).“ Ausgenommen von dem Verbot in § 6 Abs. 1 Satz 1 sind Fälle „zur Verhinderung der unkontrollierten Fortpflanzung oder – soweit tierärztliche Bedenken nicht entgegenstehen – zur weiteren Nutzung oder Haltung des Tieres eine Unfruchtbarmachung vorgenommen wird.“ (§ 6 Abs. 1 Satz 2 Nr. 5 TierSchG). Allerdings sind die oben genannten Ausnahmen auf Hunde grundsätzlich nicht anwendbar, da ihre Fortpflanzung – anders als bei Katzen – kontrollierbar ist.

Kurzer Anatomie-Exkurs:
Bei einer chirurgischen Kastration werden beim Rüden die Hoden und bei der Hündin die Eierstöcke (und ggf. zusätzlich die Gebärmutter) entfernt, wodurch es zu einem Produktionsstopp der Samen- und Eizellen sowie der Sexualhormone kommt. Neben der chirurgischen Kastration gibt es alternative Methoden, die zu einer Unfruchtbarmachung des Hundes ausgeführt werden können.
Zum einen gibt es die Sterilisation, bei der im Falle des Rüden die Samenleiter und im Falle der Hündin die Eileiter durchtrennt werden. Der große Vorteil bei dieser Methode ist, dass der Hund unfruchtbar wird und nicht in seinen Hormonhaushalt eingegriffen wird.

Zum anderen gibt es eine Möglichkeit, den Hund auf hormoneller Ebene, ohne chirurgischen Eingriff, zu kastrieren. Die im Haustierbereich gängigste Methode ist der Kastrationschip, welcher unter die Haut des Hundes injiziert wird, wodurch die Produktion der Sexualhormone unterbunden wird, dem Zustand einer chirurgischen Kastration entsprechend. An dieser Stelle sei auf das Kastrationsbuch „Kastration und Verhalten beim Hund" (2011) von Sophie Strodtbeck und Udo Gansloßer verwiesen, welches einen tieferen Einblick in das Thema Kastration bietet, inklusiveverhaltensbiologischer und veterinärmedizinischer Perspektive.

Hundeblick in die Forschung

Unsere eigene Forschung spiegelt wider, dass sich eine Kastration negativ auf das Hundeverhalten auswirken kann. Die Verhaltensänderungen beruhen vor allem auf dem oft unterschätzten Zusammenhang des Stresshormons Cortisol und seinen Gegenspielern, den Sexualhormonen. Sowohl das Testosteron, das Östrogen und Progesteron fungieren als Antagonisten des Cortisols. Ihre Wirkung ist demnach cortisoldämpfend und gleichsam angstlösend (Henry & Stephens 1977). Gerade dieser Zusammenhang zwischen der angstlösenden Wirkung als Gegenspieler des Cortisols macht das Cortisol so bedeut-

Foto: Sarah Mertes

sam, wenn es um die Folgen einer Kastration geht.

Was macht es mit dem Rüden?

Die Forschungsdaten aus Besitzerumfragen und Videoanalysen geben ein recht eindeutiges Bild wieder: Die Kastration wirkt sich bei einigen Hunden äußerst negativ auf das Sozialverhalten aus. Sowohl in den Videoanalysen als auch in den Fragebögen unterschieden sich kastrierte von intakten Rüden durch häufigeres panisches, ängstlicheres und aggressiveres Verhalten (auch gegenüber Menschen) (Kaufmann et al., 2017). Zu ähnlichen Ergebnissen kamen außerdem Farhoody et al. (2018), die das Aggressionsverhalten der Hunde genauer unter die Lupe nahmen. Bei 26% der Hunde, die in einem Alter von sieben bis zwölf Monaten kastriert wurden, konnten Aggressionen gegenüber Fremden vermerkt werden.
Knol & Egberink-Alink (1989) fassen die möglichen Verhaltensänderungen bei Hunden und Katzen nach einer Kastration zusammen. Bei Rüden ließen sich durch eine Kastration das Streunen, das Urinmarkieren und die Aggression gegenüber anderen Rüden reduzieren. Da die Kastration oftmals als Mittel gegen unerwünschte aggressive Verhaltensweisen eingesetzt wird, ist hier besondere Vorsicht geboten. Aggressivität hat viele Facetten und so gilt es stets, die Ursache bzw. die Art der Aggression genauestens einzuschätzen, ehe das Skalpell zu eilig angewendet wird, da die Folgen schwerwiegend sein können. Wird beispielsweise ein angstaggressiver Hund (Ähnliches gilt für Aggression aus mangelndem Selbstbewusstsein) kastriert, kann sich aufgrund des Cortisol-Zusammenhangs diese Aggressionsart gar verschlimmern, da die stressdämpfende Wirkung der Sexualhormone dann völlig entfällt.

Was bedeutet es für die Hündin?

Ähnlich wie die Rüden unterscheiden sich auch die kastrierten von den nicht-kastrierten Hündinnen. Am auffälligsten war in erster Linie, dass die kastrierten Hündinnen signifikant weniger Sozialverhalten und entsprechend mehr Individualverhalten zeigten. Aus geselligen und insbesondere spielerischen Situationen hielten sie sich gänzlich heraus.
Wurde es ihnen zu wild innerhalb der Mädelsgruppe, intervenierten sie sogar mit aggressiven Verhaltensweisen (Lorenz et al. 2018). Laut Feddersen-Petersen (2008) zeigen vor allem stark sozial-unsichere Hunde eine besonders intensive Form des Drohens, nämlich in Verbindung mit dem Maulaufreißen. In den Videos von Lorenz et al. (2018) trat das Drohverhalten in dieser äußerst intensiven Ausprägung auf. Meistens wurden die Zähne gefletscht, geknurrt und ein kurzes Maulaufreißen und/oder Schnappen erfolgte seitens der kastrierten Hündinnen (Lorenz et al. 2018).

Markieren ist ein ganz natürliches Verhalten von Rüden, aber auch von Hündinnen. Foto: © Karoline Thalhofer/adobe.stock.com

Laut einer amerikanischen Studie (Overall 2007) tendieren ebenso mehr kastrierte als intakte Hündinnen zu aggressivem Verhalten und dazu, andere Hunde zu beißen. In Kim et al. (2006) zeigten die Hündinnen, die vor der Kastration keinerlei aggressive Verhaltensweisen gegenüber diesen aufwiesen, nach der Kastration Aggression gegenüber Kindern. Wiederum beschreiben O'Farrell & Peachy (1990) das Auftreten dieses Aggressionstypus nur bei den Hündinnen, die vor der Kastration bereits irgendeine Art der Aggression besaßen. Eine mögliche Erklärung für den Anstieg aggressiven Verhaltens ist, dass durch eine Kastration die Quelle der Progesteronproduktion entfällt, wenn der Eingriff unmittelbar nach der Östrusphase durchgeführt wird. Nichtsdestotrotz vermag der Zusammenhang der Geschlechtshormone mit dem Aggressionsverhalten möglicherweise noch komplexer zu sein als bisher angenommen. Ein weiterer Unterschied fiel im Spielverhalten auf. Die intakten Hündinnen haben deutlich mehr als die kastrierten Hündinnen gespielt. Erkennbar ist spielerisches Verhalten leicht durch ein „Als-ob"-Verhalten (Kucsaj 2008). Im Spiel wird nur so getan, als ob gekämpft, als ob gejagt wird etc. oder wie Marc Bekoff einst auf die Frage antwortete, warum Tiere spielen: „Because it's fun." (in: Feddersen-Petersen 2008). Die Individuen sind aufgeregt, entspannt und vor allem glücklich zur gleichen Zeit (Rooney et al. 2006). Diesen Emotionszustand haben die kastrierten Hündinnen in den Videoaufnahmen nicht in dem Maße erreicht, wie es ihre intakten Artgenossen konnten.

Ein ähnliches Bild zeigte sich auch in der Studie von Kubinyi et al. (2009): Die Hunde, die sich am unsichersten verhielten, waren die kastrierten Rüden und Hündinnen. Zudem waren die kastrierten Hunde beiden Geschlechts auch die weniger geselligen und weniger sozial-kompetenten Hunde. Bei den kastrierten Hündinnen zeigte sich hier zusätzlich, dass sie weniger extravertiert sind als die intakten Hündinnen. Auch in Farhoody und Zink (2010) und bei Borchelt (1983) zeigten sich kastrierte Hündinnen aggressiver und aufgeregter als ihre intakten Vertreter. Ein zu diesem Thema passendes Review von Houlihan (2017) gibt einen guten Überblick über die „Kastrationsliteratur“. Zahlreiche Studien über kastrationsbedingte Veränderungen in gesundheitlicher und verhaltensbiologischer Sicht, werden hier aufgelistet. Einige der dort gelisteten Studien weisen dabei auf eine gesteigerte Aggressivität bei kastrierten Hündinnen hin. Einige Forscherteams sind sich hier einig, dass eine Kastration keine geeignete Methode darstellt, um aggressives Verhalten beim Hund zu verhindern (Lüscher et al. 2005; Podberscek et al. 1996; O'Farrell et al. 1990; Kim et al. 2006).

Denkt meine Hündin denn, sie sei tragend?

Immer wieder berichten Hündinnenhalter, dass sich ihre Hündin nach der Läufigkeit komisch benimmt. Sie wirkt depressiv, reagiert eventuell sogar stark gereizt und hütet mitunter Stofftiere. Die Hündin wirkt wie eine schwangere Hündin oder frischgebackene Mutter. Klar zu unterscheiden ist die Scheinträchtigkeit jedoch von der Scheinmutterschaft, denn häufig werden diese beiden Begriffe miteinander verwechselt.

Hormonell betrachtet werden alle weiblichen Vertreter der Hundeartigen (z.B. Rotfuchs, Wolf, Haushund) nach jeder Läufigkeit scheinschwanger. Die Ursache dafür bilden die Gelbkörper, welche als leere Follikel im Eierstock so lange aktiv bleiben, bis eine echte Trächtigkeit vorüber wäre. Sie produzieren demnach weiterhin Progesteron und durch dieses Schwangerschaftshormon kommt es zur Scheinträchtigkeit der Hündin. Durch die damit verbundenen, veränderten Stoffwechselaktivitäten wirkt die Hündin anhänglicher und mehr auf positiven sozialen Kontakt bedacht. Sie sucht demnach vermehrt die Nähe ihrer Gruppe, folglich auch die des Halters. Zur Scheinmutterschaft kommt es etwa zwei Monate nach der Standhitze. Gesteuert wird diese Phase insbesondere durch das Prolaktin, das Elternhormon. Beobachtet werden kann bei der Hündin sogar eine Gesäugeschwellung bis hin zum Milcheinschuss. Insgesamt zeigt die Hündin mütterliches Verhalten. Möglicherweise möchte sie nicht einmal ihr Zuhause verlassen, da eine säugende Hündin in den ersten Wochen nach der Geburt ebenso nicht freiwillig die Wurfhöhle verlassen würde (Strodtbeck & Ganslоßer 2011). Demzufolge ist es eine völlig normale körperliche Reaktion, die alles Andere als pathologisch ist. Es sollte zwar immer der Leidensdruck der Hündin im Fokus behalten werden, jedoch rechtfertigen Stimmungsschwankungen, erhöhte Empfindlichkeit oder Abgeschlagenheit in der Regel keine Kastration. Sollten diese Störungen in Depressionen oder aggressivem Verhalten ausarten oder dem krankhaften Hin- und Hertragen von Kuscheltieren, sollte abgewogen werden, wie sehr die Hündin leidet und

Die Scheinschwangerschaft ist etwas ganz Natürliches. Foto: Sarah Mertes

ob eine Kastration hier Abhilfe schaffen könnte (Niepel 2007).

Kastration als Gesundheitsprophylaxe?

Neben verhaltensbiologischen Gründen gibt es auch zahlreiche gesundheitliche Aspekte, die zu einer Kastration veranlassen. Hündinnenhalter fürchten sich oftmals vor Gesäugetumoren oder einer Gebärmutterentzündung und erhoffen sich durch eine Kastration diesen Erkrankungen vorbeugen zu können.
Da die Thematik um die gesundheitlichen Risiken sehr umfangreich ist, sollen an dieser Stelle nur die wichtigsten Fakten genannt werden:
Bei den Mammatumoren wird fortwährend eine recht veraltete Studie zitiert, da sich das Erkrankungsrisiko, wenn die Hündin vor der ersten Läufigkeit kastriert wird, angeblich erheblich verringert (allerdings nur laut einer Studie). Es werden dabei irreführende Zahlen genannt. So heißt es, dass jede vierte Hündin, die nicht bis zur zweiten Läufigkeit kastriert wurde, einen Mammatumor bekommt, und schließlich setzt der Halter alles daran, seine Hündin vor diesem hohen Erkrankungsrisiko (25 %) zu schützen. Doch die hier angeführten 25 % beziehen sich nicht auf die Gesamtfälle der Tumore, sondern geben nur ein relatives Risiko an, wodurch nur etwa 1,86 % der Hündinnen Mammatumore entwickeln. Für jene, die nach der ersten Läufigkeit kastriert werden, beträgt das Risiko 0,05–0,5 %, für Frühkastrierte beträgt es 0,01–0,09 % (Gansloßer & Strodtbeck 2011). Weiterhin gilt zu beachten, dass nicht jeder Tumor bösartig ist, sondern etwa die Hälfte aller Gesäugetumore maligne sind. Ist eine Hündin an einer äußerst schweren Pyometra erkrankt, so bedeutete dies früher im Regelfall die vollständige Entfernung von Gebärmutter und Eierstöcken. Heute wird eine Hündin, die unter einer Pyometra leidet, jedoch nicht mehr pauschal kastriert, stattdessen werden alternative Behandlungsmethoden gewählt. Doch dieser Präventionsgedanke reicht nicht aus, um eine Kastration zu rechtfertigen. Die Kastration ist ein operativer Eingriff, bei dem wichtige, von der Natur gegebene Organe entnommen werden. Ein Eingriff, der nicht selten auch Nebenwirkungen und wiederum andere Erkrankungsrisiken mit sich bringt.
Kastrierte Rüden erkranken beispielsweise häufiger an Diabetes mellitus als intakte Rüden und auch „Risse im kranialen Kreuzband“ (Reichler, 2009) treten doppelt so oft bei Kastraten auf. Ebenso steigt das Risiko für Tumore an der Prostata um das Dreifache an sowie für Tumore am Herzen (Reichler, 2009). Ein nicht zu unterschätzendes Risiko, das ebenso mit der Kastration einhergehen kann, ist die Entwicklung von Autoimmunerkrankungen. Im Speziellen tritt die weit verbreitete Schilddrüsenunterfunktion (SDU oder HYPO) bei

dreimal so vielen kastrierten Rüden und zwölfmal so vielen kastrierten Hündinnen wie nicht-kastrierten Hunden auf (Sundburg et al. 2016). Zu ähnlichen Zahlen kommt auch von Thun (2010) in ihrer Dissertation über Schilddrüsenerkrankungen: Bei kastrierten Hündinnen konnten signifikant niedrigere Trijodthyronin (T3)- und Tryroxin (T4)-Werte im Vergleich zu den intakten Hunden gemessen werden.

Hängen die kastrationsbedingten Folgen auch von der Rasse ab?

Neben dem Alter, den bisherigen Erfahrungen und dem Zeitpunkt der Kastration stellt sich die Frage, ob die Auswirkungen der Kastration nicht auch von der Rasse abhängig sind. Mit dieser Thematik beschäftigten sich Kolkmeyer et al. (2021) in der groß aufgelegten Fragebogenstudie mit 112 kastrierten und 130 intakten Rüden aus vier Rassekategorien, die an die genetischen Rassestudien von Parker et al. (2017) angelehnt ist. Darunter waren Hütehunde, Retriever, Terrier und Jagdhunde. Hier waren die kastrierten Rüden rasseunabhängig weniger extrovertiert (offen gegenüber Artgenossen) als die intakten Hunde. Auch die Panik trat häufiger bei den kastrierten als den intakten Rüden auf. Innerhalb der jeweiligen Rassekategorie fiel zudem bei den „Shepherds“ und „Terriern“ auf, dass die intakten Terrier und intakten Shepherds sich jeweils extrovertierter verhielten als die kastrierten Vertreter derselben Rassekategorie.

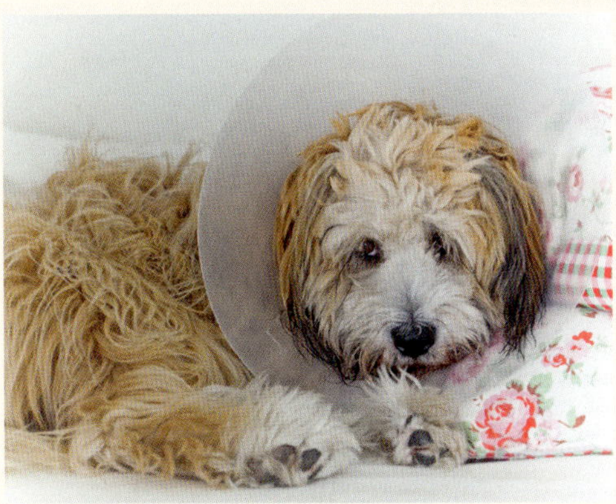

Eine Kastration kann gesundheitliche Folgen mit sich bringen.

Foto: © Esther Hildebrandt/adobe.stock.com

Letztendlich muss eine Entscheidung für oder gegen eine Kastration immer individuell getroffen werden, da sie immer einen Eingriff in den Körper des Hundes bedeutet, der sich negativ auf die Psyche und Physis des Hundes auswirken kann. Dieser Schritt sollte stets wohlüberlegt sein und im Einzelfall entschieden werden.
Auch wenn es bestimmte Phasen im Hundeleben gibt, die anstrengend wirken, insbesondere die Hochphase der Pubertät mit verrücktspielenden Hormonen, sollte die Kastration nicht das Mittel der Wahl sein. Statt des Skalpells sollte mehr an der Bindung und der Beziehung zum Hund sowie an mehr Verständnis gearbeitet werden, um dem Hund in auch eher schwierigen Phasen beizustehen.

9. Gefühlvolle Lebewesen

Foto: © Sonja Rachbauer/stock.adobe.com

Dass neben dem Menschen auch Tiere Gefühle und Emotionen empfinden und ausdrücken können, ist unter Verhaltensbiologen heute weitgehend mehrheitsfähig. Unterschiedliche Auffassungen herrschen darüber, wie man solche Emotionen bei Tieren untersuchen, beschreiben oder gar quantitativ erfassen kann. Gerade die neueren Untersuchungen der Gehirnaktivitäten von Hunden in den Magnetresonanzröhren, wie sie sowohl in der Budapester Arbeitsgruppe als auch im Labor von Gregory Berns in Savanna im US-Bundesstaat Georgia stattfinden, geben hier jedoch gute Hinweise. Bekanntermaßen (siehe Gansloßer und Kitchenham 2019 für ausführlichere Beschreibungen) gelingt es dort, dass Hunde völlig ohne Zwang nicht nur freiwillig, sondern sogar mit Begeisterung still und unbeweglich mehrere Minuten lang in der Magnetresonanzröhre verharren. In dieser Zeit kann man ihnen dann über Handzeichen, Tonbandaufnahmen oder Gerüche Informationen zukommen lassen, und die Magnetröhre zeigt, welche Gehirnregionen besonders aktiv sind. Noch einmal: Es handelt sich hier um Hunde, die sich das Ganze freiwillig, mit Begeisterung selbstständig „antun", und es werden weder Elektroden am Gehirn befestigt, noch sonstige, potenziell für die Hunde schmerzhafte oder unangenehme Eingriffe vorgenommen. Diese Untersuchungen zeigen beispielsweise, dass Hunde mit ähnlicher Begeisterung auf ein freudig ausgesprochenes lobendes Wort ihres Menschen reagieren, und ähnliche Gehirnregionen dabei aktivieren, die auch bei Menschen in vergleichbaren Situationen beobachtbar sind. Sie zeigen übrigens auch, dass Hunde durchaus den Ansatz eines Wortverständnisses haben dürften: Auf ein sinnvolles lobendes Wort, das mit freudiger Begeisterung ausgesprochen wurde, reagierte sowohl eine Region in der Großhirnrinde, die auch beim Menschen in der Gegend des Worterkennungszentrums liegt, und gleichzeitig ein Bereich des emotionalen Systems, der eben positive Erregung und positive Emotionen vermittelt. Wird dagegen das lobende Wort so, wie es leider in vielen Hundeschulen und Hundeplätzen üblich ist, mit roboterhafter, emotionsfreier Stimme gesprochen, dann reagiert nur die Großhirnrinde, das emotionale Zentrum bleibt stumm. Wird umgekehrt mit lobender Stimme nutzloses BlaBla (Rhabarber, Banane, Kühlschranktür etc.) genannt, dann reagiert nur das emotionale Zentrum in der Tiefe des Gehirns, und das Worterkennungszentrum bleibt stumm.

Noch etwas anderes zeigt eine solche Untersuchung, diesmal aus der Gruppe Gregory Berns: Gerade das Überbringen von unangenehmen Botschaften und enttäuschenden Nachrichten

wird von einem Menschen, zu dem der Hund eine positive Beziehung oder stabile Bindung hat, wesentlich leichter hingenommen. Die negativen Emotionen der Botschaft: „Heute gibt es leider keinen Hotdog", sind viel schwächer, wenn der persönlich gebundene und individuelle Beziehungspartner Mensch das signalisiert, als wenn es ein freundlicher fremder Versuchshelfer tut. Ganz besonders stark ist diese Auswirkung wiederum bei Hunden, die von ihrem Persönlichkeitstyp her sowieso eher skeptisch oder sogar latent aggressionsbereit dem Menschen gegenüber sind. Gerade da wir in vorigen Kapiteln immer wieder darauf hingewiesen haben, dass Erziehung im Gegensatz zu Training und Ausbildung nicht nur rein positiv funktioniert, sondern auch mit Grenzensetzen (und das heißt eben unangenehme Botschaften überbringen) zu tun hat, sollten wir also ausdrücklich darauf hinwirken, bei einem Hund zunächst eine stabile und wertvolle Beziehung aufzubauen, bevor wir anfangen zu erziehen. Dies gilt selbstverständlich vorwiegend für Hunde, die bereits den Höhepunkt der Pubertät überschritten haben oder im Erwachsenenalter in neue Lebensumstände überführt werden. Welpen und Junghunde sind es sozusagen gewohnt, dass Gruppenmitglieder an ihnen „herumerziehen" und die individuelle Bindung zu einem Menschen kann ja ohnehin erst ab dem Ende des vierten Lebensmonats ausgebildet werden. Trotzdem werden sie ab der fünften Lebenswoche, wie wir bereits gesehen haben, von allen Gruppenmitgliedern erzogen und dabei eben auch mal zurechtgewiesen. Ein Welpe oder junger Junghund wird also auf Erziehungsversuche, so sie denn kompetent ausgeübt werden, aufgrund der allgemeinen Attraktivität des Menschen als wünschenswertem Sozialpartner trotzdem reagieren – so hoffen wir zumindest!

Auch in der Pubertät sollten Sie Ihren Hund weiterhin erziehen. *Foto: Sarah Mertes*

Um im Thema Emotionen bei Hunden oder anderen nichtmenschlichen Lebewesen weiter zu kommen, lohnt es sich, zunächst ein paar allgemeinere Gruppierungen vorzunehmen. Die wichtigste und sozusagen übergeordnete ist die Unterteilung in aktive und passive sowie in positive und negative Emotionen. Mit Hilfe dieser Einteilung sind bereits eine ganze Reihe von Erziehungsprozessen besser verständlich. Aktive Emotionen sind eben solche, die den Hund zu einem Tun, zu einer Handlung motivieren, passive Emotionen sind solche, die eher in einem mehr oder weniger aktivitätsarmen Nichtstun oder Verharren bestehen. Positive und negative Emotionen – das dürfte selbsterklärend sein. Bemerkenswert ist nun, wie sehr man die Frage positiver und negativer oder auch aktiver und passiver Emotionen zum Beispiel an die Evolutionsbiologie und Ethologie anbinden kann. Positive Emotionen sind, wenn wir die Begrifflichkeit der Lernpsychologie benutzen wollen, sozusagen positive Verstärker, mit deren Hilfe einem Tier signalisiert wird, dass eine gerade herrschende Situation nützlich oder für das weitere Überleben ausgesprochen wichtig ist. Vor allem sind positive Emotionen evolutionsbiologisch und ökologisch dort zu erwarten, wo mit ihrer Hilfe gewissermaßen eine Art Vorratshaltung betrieben werden kann. Die bekannten Bilder von afrikanischen Savannentieren, die nach dem Genuss vergorener Früchte recht beschwipst durch die Gegend torkeln, am nächsten Tag aber einen ziemlichen Kater haben, helfen bei der Erläuterung: Im natürlichen Lebensraum eines Tieres finden wir vergorene Früchte nur zu ganz bestimmten Zeiten, in einem engen Zeitfenster im Herbst. Da aber sowohl Alkohol als auch Zucker besonders hochwertige Energieträger sind, mit deren Hilfe man (wie der fleißige Verzehr von Likörpralinen bei Menschen ja auch zeigt) auch leicht Fettvorräte aufbauen kann, ist es evolutionsbiologisch verständlich, dass diese Früchte dann auch bevorzugt genossen werden sollen.

Die Erziehung von Welpen erfolgt auch durch andere Gruppenmitglieder, sogenannte Babysitter. *Foto: Sarah Mertes*

Auch im sozialen Bereich gilt Ähnliches, wenn man beispielsweise völlig begeistert im Freundeskreis gemeinsame

Aktivitäten durchführt, was dann letztlich auch eine Vorratshaltung bedeutet, denn mit diesen Menschen wird man auch in der Zukunft besonders gut zusammenarbeiten oder vielleicht auch gemeinsam Gefahren bewältigen.
Negative Emotionen sind, lernpsychologisch gesprochen, negative Verstärker, die das Tier auf einen Mangelzustand hinweisen. Ob das nun Unwohlsein in einer potentiell gefährlichen Situation ist, Hunger oder das Gefühl des Alleinseins eines eigentlich in der Gruppe lebenden Tiers, all diese negativen Verstärker sollten das Tier dazu motivieren, an der unerfreulichen Situation etwas zu ändern. Als Folge der unangenehmen Emotion sollte also Appetenzverhalten oder Suchverhalten auftreten. Ob man nun eine Höhle sucht, einen Nahrungsbrocken oder Sozialkontakt, hängt eben von der jeweiligen gefühlten Mangelsituation ab.
Trägt man jetzt die positiven und negativen Emotionen in einem Achsenkreuz ein und zudem die aktiven und passiven Emotionen auf einer anderen Ebene, so kann man nahezu alle, auch für uns wichtige Einzel-Emotionen, dort aufzeichnen. Dieses Achsenkreuz sollten wir immer im Blick haben, wenn wir beispielsweise Erziehungsprozesse bei unseren Hunden vornehmen. Befindet sich ein Hund nämlich beispielsweise im rechten oberen Viertel dieses Achsenkreuzes (siehe Abbildung), dann sollten wir nicht erwarten, dass das mit einer noch positiveren Reaktion ohne Weite-

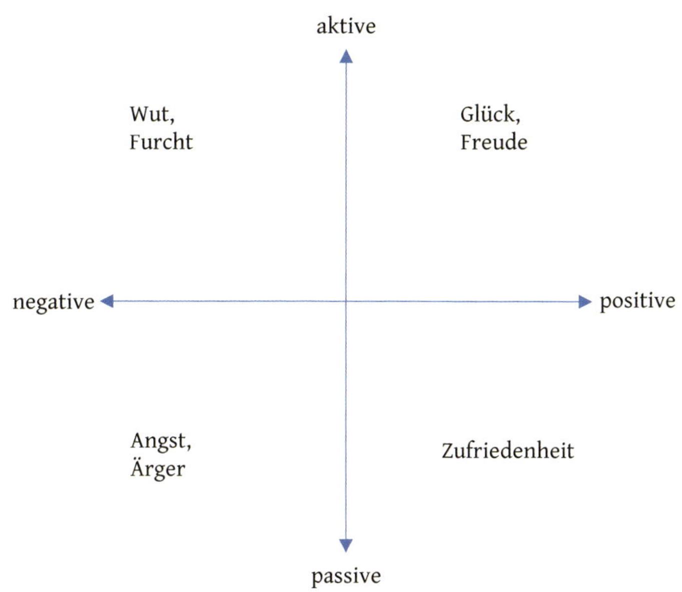

Quelle: U Gansloßer, K Knezevic, C A Kolkmeyer: Säugetierverhalten. 2. Aufl. Filander Verlag Fürth 2020

res zu korrigieren wäre. Nicht nur die theoretischen Überlegungen und neurobiologischen Zusammenhänge, sondern auch beispielsweise eine umfangreiche Studie eines australischen Autorinnenteams um Melissa Starling (Starling et al., 2013) haben das deutlich gezeigt: Ein Hund, der beispielsweise begeistert auf der Jagd ist, einen Fremden anspringt oder eben auch in einer lustbetonten Aggression gerne jemanden verdreschen möchte, wird nicht durch noch positivere Reize von diesem ohnehin selbstbelohnenden Tun abzuhalten sein. Umgekehrt aber darf ein Hund, der sich im linken oberen Quadranten befindet, aus erzieherischen Gründen nicht mit noch negativeren Reizen abgebremst werden. Selbst wenn man im Zuge der Krisenintervention eine solche negativ motivierte Handlung unterbrechen muss, beispielsweise eine aus Angst oder Furcht motivierte Aggression, muss sofort hinterher die Umleitung in den rechten oberen Quadranten über ein positiv belohnendes Alternativverhalten erfolgen. Versöhnung ist das Mindeste, was an dieser Stelle aber geschehen muss.

Hier liegt also nicht der Hase, sondern der Hund im Pfeffer: Wer nicht in der Lage ist, das Ausdrucksverhalten seines Hundes so gut zu deuten, dass er oder sie die positive von der negativen Emotionalität unterscheiden kann (beispielsweise offensive Lustaggression versus defensive, angst- oder gar panikmotivierte Aggression), der sollte auch nicht versuchen, dieses unerwünschte oder unpassende Verhalten zu korrigieren.

Und hier ist das Thema Emotionen dann auch nochmals verbunden mit dem Thema der Persönlichkeiten: Pessimistische, bedächtige Bedenkenträger, also beispielsweise emotional instabile B-Typen, müssen in solchen Situationen dringend anders behandelt werden als optimistische Gute-Laune-Hunde. Ein optimistischer, aktiv vorwärts motivierter A-Typ wird sich nämlich leichter im rechten oberen Quadranten bewegen, während der bedächtige Bedenkenträger im linken oberen oder gar im linken unteren Quadranten zu finden sein wird. Generell sollte durch Erziehungsmaßnahmen und Stabilisierung der Persönlichkeit versucht werden, Hunde aus dem linken unteren Quadranten auf jeden Fall in einen der oberen, bevorzugt in den rechten oberen, zu bringen. Dabei kann bei erwünschtem Verhalten auch mal Party gefeiert und eine überschwänglich positive Kommentierung und Belobigung des Hundes erfolgen. Hunde, die sich aufgrund ihrer aktiven Vorwärtspersönlichkeit im oberen rechten Quadranten tummeln, sollten dagegen eher in den rechten unteren Quadranten gebracht werden. Das heißt, sie sollten das passive Zufriedenheitssystem als wichtigen Teil des Hundelebens kennen und schätzen lernen, und dabei dann eben langsam, aber sicher erfahren, dass man auch etwas genießen kann, ohne gleich wieder erneut auf der Suche nach dem nächsten Kick sein zu müssen. Gerade dafür sind dann beispielsweise Wohlfühlmassagen und andere Entspannungsrituale, gegebenenfalls auch mit Unterstützung von Aromatherapie, Musikanwendung etc. sehr hilfreich. Eine Betrachtung des Emotionssystems des Hundes kann nicht enden, ohne daneben einige bisher wissenschaftlich nicht belegbare Vorurteile zu erwähnen. Während die Existenz von sogenannten sozialen Sekundäremotionen, beispielsweise innige Freundschaft (kann auch als platonische Liebe bezeichnet werden), Eifersucht, Trauer etc., eben nicht nur durch viele Alltagserfahrungen immer wieder bestätigt wird und auch die genannten verhaltensbiologischen und neurobiologischen Untersuchungen diese Interpretation unterstützen, sind sogenannte moralische Sekundäremotionen bei Hunden oder anderen Tieren bisher nicht eindeutig belegbar. Soziale Sekundäremotionen werden so umrissen, dass es sich dabei um Emotionen handelt, die meine konkrete Situation im Vergleich zu einem oder mehreren konkreten Sozialpartnern beschreiben. Zum Beispiel eben die innige Freundschaft, einer Bindung oder auch die Trauer und Verzweiflung beim Verlust des Bindungspartners. Sekundäremotionen moralischer Art dagegen vergleichen meine momentane Situation mit der gesellschaftlichen Erwartung. Hier wären beispielsweise Stolz oder das schlechte Gewissen zu nennen. Und gerade rund um das schlechte Gewissen ranken sich sehr viele Mythen in der Hundeerziehung. Zu Letzterem gibt es eine ganze Reihe von guten wissenschaftlichen Untersuchungen, die schlichtweg in keinem Fall solche sekundären Emotionen moralischer Art nachweisen konnten. Hunde stehlen wie die Raben, sobald sie merken, dass ihr Mensch es nicht bemerkt. Und sie haben keinerlei schlechtes Gewissen, wenn sie gestohlen haben. Erst wenn der Mensch die leere Futterschüssel bemerkt und dann losschimpft, zeigt der Hund unterwürfiges oder beschwichti-

Foto: Sarah Mertes

gendes Verhalten. Wird aber die Futterschüssel, nachdem der Hund sie ausgeräumt hat, beispielsweise von der Versuchsleiterin gefüllt, bevor der Halter den Raum wieder betritt, dann zeigt der Hund keinerlei schlechtes Gewissen, obwohl er ganz sicherlich immer noch weiß, wie gut es ihm geschmeckt hat. Wissenschaftlich nicht belegt, aber in Einzelversuchen und vielen Anekdoten bestätigt ist zum Beispiel auch Folgendes: Ein Hund, beispielsweise ein Junghund, benimmt sich daneben (räumt den Mülleimer aus, hinterlässt eine Pfütze vor dem Kamin oder Ähnliches), der Halter kommt nach Hause und der bereits erfahrene Althund verzieht sich nach oben. Er hat nichts dergleichen verursacht oder angestellt, weiß aber aus Erfahrung, dass es jetzt gleich Ärger geben wird. Betrachten wir das Thema der moralischen Sekundäremotion nochmals aus dem Blickwinkel der Evolutionsbiologie, so wäre auch sehr schwer erklärlich, warum man einem Ranghöheren extra signalisieren sollte, dass man sich danebenbenommen hat. Es gäbe nur Ärger, und die Zahl echter Masochisten ist wahrscheinlich bei Tieren noch geringer als bei Menschen. Nicht unerwähnt bleiben soll, dass der amerikanische Verhaltensbiologe Marc Bekoff durchaus einen evolutiven Sinn im schlechten Gewissen sehen konnte. Er meint nämlich: Wer durch schlechtes Gewissen zeigt, dass man sich danebenbenommen hat und das auch weiß, könnte ja sozusagen Besserung geloben, was dann wiederum den Verbleib in der Gruppe unterstützen könnte. Das ist aber bisher eine theoretische Überlegung, die nicht durch wissenschaftliche Daten oder Beobachtungsstudien gestützt wurde.

Trotzdem sind aber gerade die Arbeiten von Marc Bekoff, zum Beispiel zusammengefasst in dem Buch mit Jessica Pierce (Bekoff and Pierce, 2017), allen Hundehaltern nur ans Herz zu legen, um eine einseitige Betrachtung unserer Hunde als reine reflexgesteuerte „Konditionierungsmaschinen“ oder seelenlose Egoisten zu demontieren.

Und zuletzt noch ein weiteres, in der Verhaltensbiologie längst widerlegtes Vorurteil: Die Fähigkeit, Emotionen und Gefühle zu erleben, hat nichts mit der besonderen Evolutionshöhe des Gehirns zu tun. Der sogenannte emotionale Strang (siehe Infokasten) gehört nachweislich zu den stammesgeschichtlich ältesten Teilen des Säugetiergehirns, man rechnet mit etwa 60 Millionen Jahren. Der holländische Verhaltensbiologie Frans de Waal lässt eine andere, mit der Höherentwicklung des Gehirns eher verknüpfte Entwicklung wahrscheinlicher werden: Nach seinen Erkenntnissen und auch den Studien anderer Arbeitsgruppen an verschieden hoch organisierten Primaten (von sogenannten Halbaffen, Lemuren oder Ähnlichen bis zu Schimpansen und Menschen), wird eher die Existenz der Emotionskontrolle durch die bereits in anderen Kapiteln besprochenen Exekutivfunktionen eine Folge geistiger und neurobiologischer Höherentwicklung sein. Während der emotionale Strang an der Basis des Gehirns wahrscheinlich allen Säugetieren gemein ist, werden die Bremsleitungen aus der Großhirnrinde im Zuge der Evolutionsgeschichte und der Höherentwicklung vom einfachen Ursäuger bis hin zum komplexen Elefanten, Schimpansen oder wahrscheinlich eben auch Hund deutlich wichtiger. Nicht nur Gefühle und Emotionen erleben zu dürfen, sondern diese im Zweifelsfalle auch rational kontrollieren zu können, macht also die geistige Höhe eines Lebewesens aus. Und das gilt nicht nur für die Evolutionsgeschichte, sondern auch für die Individualgeschichte. Und damit sind wir wieder beim Thema der Pubertät und den dabei notwendigen Erziehungsprozessen, die gerade auch die Affektkontrolle betreffen sollten.

Die sieben Emotionssysteme

Der amerikanische Neurobiologe Jaak Panksepp hat in seinen Untersuchungen zur Neurobiologie des Spielverhaltens, schwerpunktmäßig an Ratten untersucht, aber auch an einigen anderen Tierarten bereits bestätigt, im Gehirn insgesamt sieben verschiedene emotionale Systeme entdeckt.

Diese bezeichnet er als:

- Das Such- und Suchtsystem
- Das Zorn- und Wutsystem
- Das Furchtsystem
- Das Paniksystem
- Das Spiel- und Humorsystem
- Das Lustsystem
- Das Fürsorgesystem

Gerade im Bereich des Such- und Suchtsystems ergeben sich nach Untersuchungen anderer Arbeitsgruppen sogar noch zwei voneinander abtrennbare Untersysteme, die gerade auch im Umgang mit unseren Hunden von großer Bedeutung sind. Es findet sich dort nämlich einerseits das System, das eher dem aktiven Lechzen (englisch Craving) zugeordnet ist, das vor allem mit den Selbstbelohnungssubstanzen rund um das Dopamin arbeitet, und zum anderen das Mögen (englisch Liking) zugeordnete, eher der passiven Zufriedenheit zuneigende System. Während ein Hund oder ein anderes Tier, das sich im Zustand der passiven Zufriedenheit befindet, eigentlich eher das wohlige Nichtstun genießen möchte, ist der Hund mit dem aktiven Suchsystem eher mit dem Motto „der Weg ist das

Ziel" unterwegs. Oder, wie es einmal eine Kollegin so schön formulierte, Ziel erreicht – Spaß vorbei.

Nicht zu verwechseln mit diesen, eher nach Funktionen gegliederten Suchsystemen ist die neurobiologisch-anatomische Ebene. Auch hier sind sieben verschieden angeordnete Regionen zu beachten, angeordnet als emotionaler Strang an der Basis des Gehirns. Diese werden jedoch bei der Entstehung der meisten Emotionen in Form von Schaltkreisen miteinander verbunden und können zudem mit Anstieg oder Abfall von elektrischer Erregung und Botenstoffkonzentrationen unterschiedliche Emotionen auslösen. So können beispielsweise in dem wohl bekanntesten Bereich des emotionalen Stranges, im Mandelkern (Amygdala), sowohl Wut und Ärger als auch Furcht und Angst zu gleichen Teilen entstehen. Lediglich die Botenstoffe und die Verknüpfungen der davon ausgehenden Nervenbahnen in unterschiedliche Gehirnregionen entscheiden dann letztlich, welche Emotion empfunden wird.

Da muss er eben NICHT durch!

„Da muss er jetzt einfach durch!", ist ein Ausdruck, der leider immer noch viel zu häufig dafür sorgt, dass Halter die Gefühle (vor allem Ängste) ihres Hundes als Lappalie abwerten und ihn in unangenehme Situationen bringen. Wie in diesem Kapitel bereits erwähnt, haben Sie als Beziehungspartner Ihres Hundes eine wichtige Rolle bei der Bewältigung von schwierigen Herausforderungen. Es ist mittlerweile nicht mehr neu, dass Hunde in der Lage sind, die Stimmung ihres Menschen wahrzunehmen und über die Stimmungsübertragung, diese Gemütslage sogar selbst anzunehmen. Somit stehen Sie in der Verantwortung, Ihrem Hund in einer stressigen oder furchteinflößenden Situation Sicherheit zu geben. Seinem Hund soziale Unterstützung zu geben, kann entgegen der breitvertretenen Annahme eben nicht Emotionen (Angst) verstärken. Dabei ist wichtig zu erwähnen, dass Unterstützung und das Vermitteln von Sicherheit gemeint sind und eben nicht ein Bemitleiden des Hundes, welches sehr wohl zu einer Verstärkung der Emotionen führen könnte. Viele Situationen können wir für unseren Hund organisieren, indem wir ihn entweder auf die Situation vorbereiten, wie etwa auf den Tierarztbesuch mit Hilfe von Medical Training, oder wir managen unseren Hund bestmöglich durch eine unangenehme Lage und schützen ihn z.B. durch eine Raumvergrößerung vor einer ungewollten Hundebegegnung. Wichtig ist, dass

Sie lernen, die Ängste Ihres Hundes ernst zu nehmen und etwas dagegen zu tun. Lassen Sie Ihren Hund hingegen getreu dem Motto: „Der muss da jetzt durch“ im Regen stehen, schließen Sie die Möglichkeit aus, dass Ihr Hund jemals lernt, mit der Situation umzugehen. Erhöhter Stress hemmt nicht nur die Lern- und Konzentrationsfähigkeit, sondern kann dafür sorgen, dass Ihr Hund Verhaltensweisen entwickelt, in denen er sich entweder noch weiter zurückzieht oder zunehmend aggressiver reagiert.

Soziale Unterstützung und Training

Wie eben bereits erwähnt können Sie allein durch Ihre Stimmung dazu beitragen, dass Ihr Hund in einer unangenehmen Situation entspannter wird. Diese Stimmungsübertragung funktioniert nicht nur zwischen Halter und Hund, sondern auch innerartlich zwischen verschiedenen Hunden. Das sollte auch erklären, warum viele Hunde, selbst ohne jegliche schlechten Erfahrungen, im Wartezimmer beim Tierarzt Anzeichen von Stress zeigen. Aus diesem Grund sollte man beim Tierarzt immer

Schutz und Nähe geben gehört zu den wichtigsten Aufgaben einer Bezugsperson.

Foto: Sarah Mertes

pünktlich zum Termin erscheinen, um lange Wartezeiten zu vermeiden. Alternativ kann man auch draußen vor der Praxis im Freien warten, bis der Tierarzt einen aufruft. Sie als Hundehalter können Ihren Hund unterstützen, indem Sie selbst versuchen, Ruhe zu bewahren, das gilt nicht nur für den Tierarztbesuch, sondern auch für Hundebegegnungen, im Stadttrubel oder auf Reisen. Einige Atemtechniken aus dem Yoga oder gezielte Meditation können dabei hilfreich sein. Wenn Sie gemeinsam mit Ihrem Hund ein traumatisches Erlebnis wie einen Beißvorfall hatten, sollten Sie, neben der verhaltensmedizinischen Behandlung des Hundes, auch selbst psychologische Hilfe in Anspruch nehmen. Nur so können Sie gestärkt mit Ihrem Hund an der Thematik arbeiten.

Neben Ihrer sozialen Unterstützung in der Situation selbst, können Sie Ihrem Hund auch helfen, indem Sie positive Erlebnisse und Erinnerungen sammeln, um die negativen Emotionen zu überdecken. Das könnte so aussehen, dass Sie nach einem Tierarztbesuch eine lange Gassirunden mit vielen Schnüffelpausen unternehmen, mit Ihrem Hund gemeinsam spielen oder ihm auf eine andere Weise eine Freude machen. Wenn Sie gezielt etwas gegen die Angst Ihres Hundes unternehmen möchten, gibt es mehrere Trainingsansätze, die fachlich korrekt durchgeführt erfolgversprechend sind.

Nachahmungslernen

Im Kapitel zum Lernverhalten haben wir gesehen, dass soziales Lernen völlig

Knifflige, aber zu bewältigende Aufgaben können das Selbstbewusstsein fördern.

Foto: Selina Winkler

neue Wege und Möglichkeiten bietet, wie Sie mit Ihrem Hund trainieren können. Durch die Beobachtung des Verhaltens von Artgenossen kann Ihr Hund lernen, eine Situation neu einzuschätzen. Dies bedeutet auch, dass Sie sich genau überlegen sollten, welchen Lernpartner Sie an der Seite Ihres Hundes sehen wollen. Was Sie jedoch unbedingt vermeiden sollten ist, Ihren Hund unter Druck zu setzen, eine bestimmte Barriere zu überschreiten, indem Sie die Hürde überwinden und ihn zu sich locken wollen. Besser ist es, gemeinsam mit ihrem Hund diesen Weg zu gehen und an seiner Seite zu bleiben.

Selbstbewusstsein stärken

Hunde, die bereits viele negativen Erfahrungen gesammelt haben, das kann bis zur erlernten Hilflosigkeit gehen, sind in ihrem Selbstbewusstsein geschwächt. Darum gilt es zunächst, ihnen kleine bewältigbare Aufgaben zu stellen, die sie fordern, aber nicht überfordern. Mit jedem gesammelten Erfolgserlebnis und jeder eigenständig gelösten Aufgabe, stärken Sie das Selbstbewusstsein Ihres Hundes und geben ihm die Sicherheit und das Vertrauen auch größere Aufgaben zu bewältigen. Gut geeignet für dieses Trainings sind Dinge aus dem Trickdogging, Gerätetraining, Gegenstandssuche oder andere Intelligenzbeschäftigung, die die Eigeninitiative und Problemlösekompetenz Ihres Hundes stärken.

Entspannung und Vertrauen

Sowohl präventiv und auch während des Trainings gegen die Angst helfen Entspannungspausen wie die „Stand-by-Übung“ oder einfach nur gemeinsam zu kuscheln. Wie in einigen anderen Kapiteln bereits erwähnt, können Sie so in den Genuss der Vorteile des „Kuschelhormons“ Oxytocin kommen und dem Stresshormon Cortisol entgegenwirken. Sorgen Sie dafür, dass Ihr Hund Ihnen vertraut, und arbeiten Sie stetig am Bindungsaufbau mit ihm. Nur so sind Sie bereit für ein wirksames Anti-Angst-Training.

Rituale schaffen Vertrauen

Nicht nur der Aufbau einer stabilen Mensch-Hund-Bindung ist erforderlich, um Ihrem Hund die nötige Sicherheit zu vermitteln. Auch eine geregelte Struktur und die Verlässlichkeit, dass eine Situation immer gleich oder zumindest ähnlich abläuft, kann Ihren Hund bei der Bewältigung von Ängsten unterstützen. Nehmen wir als Beispiel die Angst vor dem Alleinbleiben: Ein Ritual, welches meine Hündin und ich (Sarah Mertes) schon seit Ewigkeiten pflegen ist es, dass sie immer, bevor ich sie alleine lasse, eine kleine Kaustange in ihrem Körbchen bekommt. Sie weiß genau, dass ich, wenn ich ihr diese Art von Kaustange gebe, gleich die Wohnung verlassen werde. Was sie jedoch auch weiß ist, dass ich wiederkomme. Ich habe ihr die Kaustange von

Anfang an immer auf dieselbe Weise vor Verlassen der Wohnung gegeben, was ihr die Sicherheit gab, dass ich zurückkommen werde. So war es auch kein Problem, wenn sich die Umstände oder Räumlichkeiten verändert haben. Wenn wir auf der Messe unterwegs waren, konnte ich sie ohne Probleme ein paar Stunden im Hotel lassen. Nachdem wir unser Ritual vollzogen hatten, wusste meine Hündin Bescheid und hat entspannt auf meine Rückkehr gewartet. Dieses ist nur ein Beispiel von vielen Ritualen, die Ihrem Hund Sicherheit geben können, dass eine Situation gut ausgeht, obwohl sie neu ist.

Machen Sie es besser!

Trainer-Mythos	Problem	Mach es besser!
Angst des Hundes ignorieren.	Der Hund fühlt sich von uns im Stich gelassen und nicht beschützt. Ihr Hund verliert das Vertrauen in Sie als seinen „sicheren Hafen“.	Geben Sie Ihrem Hund Schutz, wenn er ihn bei Ihnen sucht. Schutz geben und Ihrem Hund in unangenehmen Situationen beistehen, darf jedoch nicht mit Bemitleiden verwechselt werden. Bleiben Sie für Ihren Hund ein „sicherer Hafen“, der ihm selbstbewusst zur Seite steht.
Hund nicht begrüßen.	Begrüßungsrituale gehören zu einem funktionierenden Sozialsystem einer Gruppe. Wenn Sie Ihren Hund nicht begrüßen, kann dieses Ignorieren sogar zu Stress führen (siehe Gansloßer & Kitchenham, 2017).	Begrüßen Sie Ihren Hund, wenn Sie nach Hause kommen. Die Begrüßung sollte ruhig und freundlich, aber nicht aufputschend sein. Dabei ist es auch egal, wen Sie aus Ihrer Familie zuerst begrüßen.
Hund nicht verabschieden.	Ihr Hund wird durch Ihr plötzliches Verschwinden das Vertrauen in Sie verlieren und kann zudem Trennungsängste entwickeln.	Etablieren Sie ein Ritual, welches Ihrem Hund signalisiert, dass Sie ihn jetzt allein lassen. Es sollte gleichzeitig ein Versprechen sein, dass Sie wiederkommen. Sagen Sie ihm z.B. „Bis später“, ehe Sie gehen. So kann Ihr Hund lernen, sich auf die Situation einzustellen und ein längeres Schläfchen machen.

Die Trauer Ihres Hundes ignorieren, wenn ein Bindungspartner gestorben ist.	Auch Hunde können Trauer empfinden, wenn ein Bindungspartner plötzlich verstirbt. Durch die Trauer können stressbedingte Verhaltensänderungen z.B. Hyperaktivität, Inaktivität, Futtervermeidung, veränderte Schlafgewohnheiten, Lautgebung, Suchverhalten nach dem Bindungspartner u.v.m. auftreten (siehe Gansloßer, 2017).	Unterstützen Sie Ihren Hund während des Trauerprozesses, indem Sie mit ihm gemeinsam Unternehmungen machen, die das Endorphin-System aktivieren, z.B. langsames Traben, gemeinsames Sozialspiel. Auch gemeinsames Kuscheln, Körperkontakt und gemeinsame Rituale helfen Ihrem Hund dabei, die Trauer zu verarbeiten. Bei massiven Veränderungen des Verhaltens über einen längeren Zeitraum sollte ein Tierarzt mit zu Rate gezogen werden. Manchen Hunden hilft es, wenn Decken, Spielzeuge o.Ä. vom verstorbenen Bindungspartner nicht sofort weggeräumt werden.

Unterstützen Sie Ihren Hund, wenn er um einen Artgenossen trauert, indem Sie gemeinsame Unternehmungen machen.

Foto: © fotograf-halle.com/stock.adobe.com

Danksagung, Hormonverzeichnis & Quellenverzeichnis

Foto: Selina Winkler

Danksagung

Die Danksagung am Ende eines Buches ist ein wichtiger Moment, der uns daran erinnert, dass ein Projekt wie dieses nicht allein von uns Autoren getragen wird. Wir sind dankbar für all die Menschen und anderen Tieren, die uns auf unserem Weg begleitet haben. Es ist uns deshalb ein besonderes Anliegen, nicht nur uns beiden für unsere gegenseitige Unterstützung und den inspirierenden Austausch zu danken, sondern auch all jenen, die Teil dieser Reise zum fertigen Buch waren. Ein ganz herzliches Dankeschön geht an Carina Kolkmeyer und Jennifer Gesine Silbermann, die dieses Werk mit ihren spannenden Gastbeiträgen bereichert haben. Ohne den Austausch mit den Mitgliedern der Mammalia AG wäre es uns unmöglich gewesen, an all die Studien und Literatur zu gelangen, die für unsere Recherche notwendig waren. Daher möchten wir uns auch bei dem gesamten Team der Mammalia AG bedanken.

Nicht zuletzt sind auch die Praxiserfahrungen, die ich (Sarah Mertes) mit meinen Kunden sammeln durfte, von unschätzbarem Wert für die Entstehung dieses Buches. Ohne die Arbeit mit euch und euren Hunden hätten wir nicht so schöne Fallbeispiele und Übungen zum Nachmachen entwickeln können. Des Weiteren möchte ich auch noch meiner Familie und insbesondere meinen Eltern danken, die mich bei all meinen Projekten unterstützen und motivieren, wenn es nötig ist.
Ein weiterer großer Dank geht an all die lieben Menschen, die uns mit Bildmaterial für dieses Buch unterstützt haben. Wir schätzen euren wertvollen Beitrag sehr und sind dankbar für eure Bereitschaft, uns bei diesem Projekt zu helfen.
Und nicht zuletzt möchten wir uns bei unserer Lektorin Frau Claudia König bedanken, die uns während des gesamten Prozesses mit ihrem Fachwissen und ihrer Expertise unterstützt hat.

Sarah Mertes *Foto: Sarah Mertes*

Udo Gansloßer *Foto: Ulla Bergob*

Hormonverzeichnis

Adrenalin: Das Fluchthormon, welches zusammen mit dem Noradrenalin das aktive Stresssystem bildet und im Nebennierenmark gebildet wird.

Cortisol: Das zu dem Glukokortikoiden zählende Steroidhormon ist Teil des passiven Stresssystems und wird auch als Kontrollverlustsystem bezeichnet. Verantwortlich ist es vor allem für Unsicherheit, Angst und sogar Panikanfälle.

Dopamin: Unsere Glücks- oder auch Lerndroge. In Verbindung mit Noradrenalin, Serotonin und Endorphinen hat es eine selbstbelohnende Wirkung.

Noradrenalin: Wird auch als Angriffs- oder Kampfhormon bezeichnet und unterstützt die Ausschüttung von Testosteron. Es zählt zum aktiven Stresssystem.

Oxytocin: Das Kuschelhormon ist das wichtigste Hormon, wenn es um die Bindung bzw. das Vertrauen zu Ihrem Hund geht. Es wirkt stressreduzierend und bildet mit weiblichen Geschlechtshormonen und Vasopressin das soziale Netzwerk. Ausgeschüttet wird es z.B. beim Kuscheln, Streicheln, bei Blickkontakt oder bei sozialen Spielen.

Vasopressin: Wird auch als Eifersuchtshormon oder Partnerschaftshormon bezeichnet.

Quellenverzeichnis

- Bekoff, M., 2017. The animals' agenda: freedom, compassion, and coexistence in the human age. Beacon Press, Boston, Massachusetts.
- Botigué, L.R., Song, S., Scheu, A., Gopalan, S., Pendleton, A.L., Oetjens, M., Taravella, A.M., Seregély, T., Zeeb-Lanz, A., Arbogast, R.-M., Bobo, D., Daly, K., Unterländer, M., Burger, J., Kidd, J.M., Veeramah, K.R., 2017. Ancient European dog genomes reveal continuity since the Early Neolithic. Nat. Commun. 8, 16082. https://doi.org/10.1038/ncomms16082
- Call, J., Bräuer, J., Kaminski, J., Tomasello, M., 2003. Domestic dogs (Canis familiaris) are sensitive to the attentional state of humans. J. Comp. Psychol. 117, 257–263. https://doi.org/10.1037/0735-7036.117.3.257
- Caro, T., 2005. Antipredator defenses in birds and mammals. University of Chicago Press.
- Coppinger, R., Coppinger, L., 2001. Dogs. Chic. UP.
- Crockenberg, S. B. (1981). Infant irritability, mother responsiveness, and social support influences on the security of infant-mother attachment. Child development, 857-865.
- Dallaire, D. H., & Weinraub, M. (2005). Predicting children's separation anxiety at age 6: The contributions of infant–mother attachment security, maternal sensitivity, and maternal separation anxiety. Attachment & Human Development, 7(4), 393-408.
- Farhoody, P., Mallawaarachchi, I., Tarwater, P. M., Serpell, J. A., Duffy, D. L., & Zink, C. (2018). Aggression toward familiar people, strangers, and conspecifics in gonadectomized and intact dogs. Frontiers in veterinary science, 18.
- Frantz, L.A.F., Mullin, V.E., Pionnier-Capitan, M., Lebrasseur, O., Ollivier, M., Perri, A., Linderholm, A., Mattiangeli, V., Teasdale, M.D., Dimopoulos, E.A., Tresset, A., Duffraisse, M., McCormick, F., Bartosiewicz, L., Gál, E., Nyerges, É.A., Sablin, M.V., Bréhard, S., Mashkour, M., Bălăşescu, A., Gillet, B., Hughes, S., Chassaing, O., Hitte, C., Vigne, J.-D., Dobney, K., Hänni, C., Bradley, D.G., Larson, G., 2016. Genomic and archaeological evidence suggest a dual origin of domestic dogs. Science 352, 1228–1231. https://doi.org/10.1126/science.aaf3161
- Freedman, A.H., Gronau, I., Schweizer, R.M., Ortega-Del Vecchyo, D., Han, E., Silva, P.M., Galaverni, M., Fan, Z., Marx, P., Lorente-Galdos, B., Beale, H., Ramirez, O., Hormozdiari, F., Alkan, C., Vilà, C., Squire, K., Geffen, E., Kusak, J., Boyko, A.R., Parker, H.G., Lee, C., Tadigotla, V., Siepel, A., Bustamante, C.D., Harkins, T.T., Nelson, S.F., Ostrander, E.A., Marques-Bonet, T., Wayne, R.K., Novembre, J., 2014. Genome Sequencing Highlights the Dynamic Early History of Dogs. PLoS Genet. 10, e1004016. https://doi.org/10.1371/journal.pgen.1004016
- Fugazza, C., 2014. Do as i do: using social learning to train dogs. Dogwise Publishing, Wenatchee, Washington, U.S.A.
- Gácsi, M., McGreevy, P., Kara, E., Miklósi, Á., 2009. Effects of selection for cooperation and attention in dogs. Behav. Brain Funct. 5, 31. https://doi.org/10.1186/1744-9081-5-31
- Gansloßer, U. (Ed.), 2015. Kommunikation und Konfliktmanagement: Ergebnisse aus 10 Jahren Verhaltensstudien. Filander Verlag, Fürth.
- Gansloßer, U., 2018. Mach mal Langsam! Filander-Verlag.
- Gansloßer, U., 2020. Verhaltensbiologie für Hundetrainer: Grundlagen moderner Ethologie, Mit Kosmos mehr entdecken. Kosmos, Stuttgart.
- Gansloßer, U., Käufer, M., 2022. Und sie spielen doch! die Wissenschaft vom Hundespiel: Kommunikation, Kontext, Konsequenzen, Mit Kosmos mehr entdecken. Kosmos, Stuttgart.
- Gansloßer, U., Kitchenham, K., 2015. Beziehung – Erziehung – Bindung: Forschung im Dienst des Mensch-Hund-Teams. Kosmos, Stuttgart.
- Gansloßer, U., Kitchenham, K., 2019. Hunde Forschung aktuell: Anatomie, Ökologie, Verhalten. Kosmos, Stuttgart.
- Gansloßer, U., Krivy, P., 2020. Schlau macht – Wau! was Hunde alles wissen und können: 22 Tests zum Ausprobieren, Mit Kosmos mehr entdecken. Kosmos, Stuttgart.
- Hare, B., Tomasello, M., 2005. Human-like social skills in dogs? Trends Cogn. Sci. 9, 439–444. https://doi.org/10.1016/j.tics.2005.07.003
- Hare, B., Wobber, V., Wrangham, R., 2012. The self-domestication hypothesis: evolution of bonobo psychology is due to selection against aggression. Anim. Behav. 83, 573–585. https://doi.org/10.1016/j.anbehav.2011.12.007
- Henry, J. P., & Stephens, P. M. (1977). Functional and structural changes in response to psychosocial stimulation. In Stress, health, and the social environment (pp. 141–166). Springer, New York, NY.
- Hielscher-Zdzieblik, B., Froboese, I., Serpell, J., Gansloßer, U., 2022. Impact of Dog's Age and Breed on Dog Owner's Physical Activity: A German Longitudinal Study. Animals 12, 1314. https://doi.org/10.3390/ani12101314
- Hoppe, N., O. R. P. Bininda-Emonds, and U. Gansloßer. "Correlates of attention deficit hyperactivity disorder (ADHD)-like behavior in domestic dogs: First results from a questionnaire-based study." Vet. Med. Open J 2 (2017): 95-131.
- Horváth, Z., Dóka, A., Miklósi, Á., 2008. Affiliative and disciplinary behavior of human handlers during play with their dog affects cortisol concentrations in opposite directions. Horm. Behav. 54, 107–114. https://doi.org/10.1016/j.yhbeh.2008.02.002
- Horwitz, D., & Mills, D. (2002). BSAVA manual of canine and feline behavioural medicine.
- Kaufmann, C. A., Forndran, S., Stauber, C., Woerner, K., & Gansloßer, U. (2017). The social behaviour of neutered male dogs compared to intact dogs (Canis lupus familiaris): Video analyses, questionnaires and case studies. Vet Med Open J, 2(1), 22-37.
- Kitchenham, K. (Ed.), 2020. Streunerhunde: von Moskaus U-Bahn-Hunden bis Indiens Underdogs. Kosmos, Stuttgart.
- Knight, A., Leitsberger, M., 2016. Vegetarian versus Meat-Based Diets for Companion Animals. Animals 6, 57. https://doi.org/10.3390/ani6090057
- Knol, B. W., & Egberink-Alink, S. T. (1989). Treatment of problem behaviour in dogs and cats by castration and progestagen administration: A review. Veterinary Quarterly, 11(2), 102-107.

- Konok, V., Dóka, A., & Miklósi, Á. (2011). The behavior of the domestic dog (Canis familiaris) during separation from and reunion with the owner: A questionnaire and an experimental study. Applied Animal Behaviour Science, 135(4), 300-308.
- Konok, V., Marx, A., & Faragó, T. (2019). Attachment styles in dogs and their relationship with separation-related disorder – A questionnaire based clustering. Applied Animal Behaviour Science, 213, 81-90.
- Leerkes, E. M. (2011). Maternal sensitivity during distressing tasks: A unique predictor of attachment security. Infant Behavior and Development, 34(3), 443-446.
- Lenkei, R., Gomez, S. A., & Pongrácz, P. (2018). Fear vs. frustration–Possible factors behind canine separation related behaviour. Behavioural processes, 157, 115-124.
- Lord, K., Feinstein, M., Coppinger, R., 2009. Barking and mobbing. Behav. Processes 81, 358–368. https://doi.org/10.1016/j.beproc.2009.04.008
- Lund, J. D., & Jørgensen, M. C. (1999). Behaviour patterns and time course of activity in dogs with separation problems. Applied Animal Behaviour Science, 63(3), 219-236.
- Meins, E., Fernyhough, C., Fradley, E., & Tuckey, M. (2001). Rethinking maternal sensitivity: Mothers' comments on infants' mental processes predict security of attachment at 12 mon-ths. Journal of child Psychology and Psychiatry, 42(5), 637-648.
- Mendl, M., Brooks, J., Basse, C., Burman, O., Paul, E., Blackwell, E., & Casey, R. (2010). Dogs showing separation-related behaviour exhibit a 'pessimistic'cognitive bias. Current Biology, 20(19), R839-R840.
- Meyer, I., Forkman, B., 2014. Dog and owner characteristics affecting the dog–owner relationship. J. Vet. Behav. 9, 143–150. https://doi.org/10.1016/j.jveb.2014.03.002
- Miklósi, Á., Topál, J., 2013. What does it take to become 'best friends'? Evolutionary changes in canine social competence. Trends Cogn. Sci. 17, 287–294. https://doi.org/10.1016/j.tics.2013.04.005
- O'Farrell, V., 1997. Owner attitudes and dog behaviour problems. Appl. Anim. Behav. Sci. 52, 205–213. https://doi.org/10.1016/S0168-1591(96)01123-9
- Ogata, N. (2016). Separation anxiety in dogs: What progress has been made in our understanding of the most common behavioral problems in dogs?. Journal of Veterinary Behavior, 16, 28-35.
- Overall, K. (2013). Manual of Clinical Behavioral Medicine for Dogs and Cats-E-Book. Elsevier Health Sciences.
- Parker, H.G., Dreger, D.L., Rimbault, M., Davis, B.W., Mullen, A.B., Carpintero-Ramirez, G., Ostrander, E.A., 2017. Genomic Analyses Reveal the Influence of Geographic Origin, Migration, and Hybridization on Modern Dog Breed Development. Cell Rep. 19, 697–708. https://doi.org/10.1016/j.celrep.2017.03.079
- Pitulko, V.V., Kasparov, A.K., 2017. Archaeological dogs from the Early Holocene Zhokhov site in the Eastern Siberian Arctic. J. Archaeol. Sci. Rep. 13, 491–515. https://doi.org/10.1016/j.jasrep.2017.04.003
- Rehn, T., & Keeling, L. J. (2011). The effect of time left alone at home on dog welfare. Applied Animal Behaviour Science, 129(2-4), 129-135.
- Rehn, T., Handlin, L., Uvnäs-Moberg, K., & Keeling, L. J. (2014). Dogs' endocrine and behavioural responses at reunion are affected by how the human initiates contact. Physiology & behavior, 124, 45-53.
- Rooney, N.J., Cowan, S., 2011. Training methods and owner–dog interactions: Links with dog behaviour and learning ability. Appl. Anim. Behav. Sci. 132, 169–177. https://doi.org/10.1016/j.applanim.2011.03.007
- Ruusila, V., Mauri, P., 2004. Interspecific cooperation in human (Homo sapiens) hunting: the benefits of a barking dog (Canis familiaris). Finn. Zool. Bot. Publ. Board.
- Saey, T.H., 2017. DNA evidence is rewriting domestication origin stories. Sci. News Online.
- Salonen, M., Sulkama, S., Mikkola, S., Puurunen, J., Hakanen, E., Tiira, K., Araujo, C. & Lohi, H. (2020). Prevalence, comorbidity, and breed differences in canine anxiety in 13,700 Finnish pet dogs. Scientific reports, 10(1), 1-11.
- Sommerfeld-Stur, I., 2016. Rassehundezucht: Genetik für Züchter und Halter, 1. Auflage. ed. Müller Rüschlikon, Stuttgart.
- Starling, M., Branson, N., Cody, D., McGreevy, P., 2013. Conceptualising the Impact of Arousal and Affective State on Training Outcomes of Operant Conditioning. Animals 3, 300–317. https://doi.org/10.3390/ani3020300
- Strodtbeck, S., Gansloßer, U., 2016. Kastration und Verhalten beim Hund, 3. Auflage. ed. Müller Rüschlikon, Stuttgart.
- Strodtbeck, S., Schröder, B., 2020. Ernährung & Verhalten beim Hund: Verhalten beeinflussen durch eine typgerechte Fütterung, 1. Auflage. ed. Müller Rüschlikon, Stuttgart.
- Tanabe, Y., 2006. Phylogenetic studies of dogs with emphasis on Japanese and Asian breeds. Proc. Jpn. Acad. Ser. B 82, 375–387. https://doi.org/10.2183/pjab.82.375
- Thalmann, O., Shapiro, B., Cui, P., Schuenemann, V.J., Sawyer, S.K., Greenfield, D.L., Ger-monpré, M.B., Sablin, M.V., López-Giráldez, F., Domingo-Roura, X., Napierala, H., Uerpmann, H.-P., Loponte, D.M., Acosta, A.A., Giemsch, L., Schmitz, R.W., Worthington, B., Buikstra, J.E., Druzhkova, A., Graphodatsky, A.S., Ovodov, N.D., Wahlberg, N., Freedman, A.H., Schweizer, R.M., Koepfli, K.-P., Leonard, J.A., Meyer, M., Krause, J., Pääbo, S., Green, R.E., Wayne, R.K., 2013. Complete Mitochondrial Genomes of Ancient Canids Suggest a European Origin of Domestic Dogs. Science 342, 871–874. https://doi.org/10.1126/science.1243650
- Tonoike, A., Nagasawa, M., Mogi, K., Serpell, J.A., Ohtsuki, H., Kikusui, T., 2016. Comparison of owner-reported behavioral characteristics among genetically clustered breeds of dog (Canis familiaris). Sci. Rep. 5, 17710. https://doi.org/10.1038/srep17710
- Wang, G.-D., Zhai, W., Yang, H.-C., Wang, L., Zhong, L., Liu, Y.-H., Fan, R.-X., Yin, T.-T., Zhu, C.-L., Poyarkov, A.D., Irwin, D.M., Hytönen, M.K., Lohi, H., Wu, C.-I., Savolainen, P., Zhang, Y.-P., 2016. Out of southern East Asia: the natural history of domestic dogs across the world. Cell Res. 26, 21–33. https://doi.org/10.1038/cr.2015.147

Weitere interessante Bücher aus dem Verlag Müller Rüschlikon

Monika Schaal
Der aufgeregte Hund
Gemeinsam zu mehr Ruhe
und Gelassenheit
160 Seiten, 127 Bilder
ISBN: 978-3-275-02102-4
€ 19,95 | **€** (A) 20,60

Udo Gansloßer / Petra Krivy
Ein guter Start ins Hundeleben
Der verhaltensbiologische Ratgeber
für Züchter und Welpenbesitzer
224 Seiten, 165 Bilder
ISBN: 978-3-275-01995-3
€ 24,90 | **€** (A) 25,60

Udo Gansloßer / Petra Krivy
Mein Hund hat Stress
128 Seiten, 80 Bilder
ISBN: 978-3-275-02200-7
€ 14,95 | **€** (A) 15,40

Udo Gansloßer / Petra Krivy
Mein Hund zeigt Aggressionen
128 Seiten, 81 Bilder
ISBN: 978-3-275-02101-7
€ 14,95 | **€** (A) 15,40

Udo Gansloßer / Petra Krivy
**Mein Hund – dominant
und ungebunden**
128 Seiten, 40 Bilder
ISBN: 978-3-275-02138-3
€ 14,95 | **€** (A) 15,40

Udo Gansloßer / Petra Krivy
**Mein Hund –
Will er nur spielen?**
128 Seiten, 60 Bilder
ISBN: 978-3-275-02170-3
€ 14,95 | **€** (A) 15,40

Müller Rüschlikon

Überall, wo es Bücher gibt, oder unter
www.mueller-rueschlikon.de
Service-Hotline: 0711 / 78 99 21 51

Änderungen in Preis und
Lieferfähigkeit vorbehalten.